暮らしの図鑑

整うオイル

健康と美容を
つくる摂り方
×
基礎知識
×
あれこれ選びたい
オイル 30

SE
SHOEISHA

私らしい、
モノ・コトの
見つけ方。

はじめに

私たちの暮らしを形作るモノやコト。
自分で選んだものは、日々の暮らしをより豊かにしてくれます。
「暮らしの図鑑」シリーズは、本当にいいものをとり入れ、
自分らしい暮らしを送りたい人に向けた本です。
使い方のアイデアや、選ぶことが楽しくなる基礎知識をグラフィカルにまとめました。
お仕着せではない、私らしい、モノ・コトの見つけ方のヒントが詰まった1冊です。
この本のテーマは「オイル」。
サラダにかける、炒めるなど、料理で使う食用オイルや、
肌や髪に塗る美容オイルなど、
オイルは私たちの日々の暮らしに欠かせません。
一方で、オイルの種類ごとに、摂り方にはポイントがあり、
賢く使えば、健康や美容にもっと活かせます。
そこで本書では、毎日続けられるオイルを使った簡単なレシピや、
ポイントを押さえた活用法を楽しく紹介しています。
また、ちょっと専門的に、特徴や成分、栄養など、
オイルを使う上で知っておきたい基礎知識もお伝えします。
カタログでは30種類のオイルも掲載。
体調や気分に合わせて、オイルのある暮らしを、ぜひ楽しんでみてください。

目次

PART 1 オイルで健康と美容をつくる毎日のアイデア

MORNING

DAYTIME

NIGHT

賢く活用する オイルの基礎知識

PART 2

[脂質]

[脂肪酸]

[植物オイル]

[オイル生活]

[スキンケア]

COLUMN

PART
3

あれこれ選びたいオイルカタログ30

1_ オリーブオイル『わら一本』（P197）の畑。2000年前から栽培されており、木と木の空間が広いのはぶどうなど混植させる多様性栽培のなごり。 **2・3_** オリーブは収穫後1時間以内に搾油機に入れられ高品質のオイルになる。**4_** 生産者マイケル・リッチ氏。

4

2

3

1

オイルのある暮らし

普段、暮らしの中で何気なく使っているオイル。オイルは、タンパク質・脂質・炭水化物という3大栄養素の中の「脂質」にあたります。脂質は、油や脂肪とも呼ばれ、カロリーが高く、特にダイエット中の人などはちょっとマイナスなイメージを抱くかもしれません。でもそれは、多彩な働きをする脂質のほんの一面を見ているためで、本当は、健康や美容に欠かせない存在なのです。

生命が初めて誕生した頃まで遡ると、太古の海の中で1つの細胞が生まれたとき、海の水と、細胞の中の水を隔てるために選ばれたのが脂質です。それから38億年経った今も変わらず、地球上のすべての動物と植物が、細胞膜を脂質で作っています。脂質がないと、たった1つの細胞すら、維持することができないのです。

そんな、植物や動物が作った大切な脂質を、私たちは植物オイルとして料理に使ったり、食材を食べたり、肌に塗ってスキンケアに使ったりすることで、健康や美容に役立てることができます。

ぜひ、この本を活用して、自分に必要なオイルを選び、オイルのある暮らしを楽しんでみてください。

PART 1

オイルで健康と美容をつくる毎日のアイデア

普段何気なく使っているオイル。
どんなシーンでどんなふうに摂るとよいか、
朝昼晩さまざまなシーン別に、
活用法を紹介します。
気軽に試してみたいレシピもたくさん。
オイルのある暮らしを始めてみましょう。

\ 毎日使ってみよう /

MORNING

スキンケア、朝食、紫外線対策、保湿ケア

DAYTIME

ランチ、コーヒー＆おやつ、乾燥対策＆化粧直し

NIGHT

夕食、マッサージ、スキンケア、サプリ

……etc.

朝の洗顔後は 化粧水とオイルでスキンケア

朝の洗顔後すぐ、オイルを1プッシュ、顔全体になじませてみましょう。オイルを最初につけると、肌の柔軟性や保湿力が高まり、メイクや日焼け止めがよれにくくなるというメリットがあります。ベタつきが苦手な人は、オイルの後に化粧水をつけると、ベタつきは気にならなくなり、しっとりともちもちした肌のやわらかさを感じるでしょう。オイリー肌の人は乾燥しやすい部分だけにつけるのもOKです。

　使うオイルですが、乾燥や小じわが気になる人は馬油、紫外線をケアしたい人は米油やホホバオイル、ニキビやニキビ跡が気になる人はタマヌオイルがおすすめです。

POINT

- 化粧水の前にオイルをつける
- 1回の適量は1プッシュ
- 肌のタイプ別に使うオイルを選ぶ

「オイル＝日焼けする」は誤解

オイルを塗ると日焼けや色素沈着を促すというイメージを持っていませんか？それはオイルが酸化していたり不純物が入っていたりする場合のこと。米油、ホホバオイル、アルガンオイル、タマヌオイルなどは、強力な抗酸化作用や抗炎症作用で紫外線から肌を守る働きがあります。

テーブルにオイルを2〜3種類

調味料のような感覚で、毎日の食卓にオイルを置いておく「テーブルオイル」はおすすめです。調理中にオイルをわざわざ使い分けるのは難しい、朝はとにかく忙しいといった人でも、テーブルオイルなら、味噌汁や納豆、おかゆやトーストなど、いつもの朝食にオイルをプラスするだけ。オイルの栄養素

を、日常的に、より手軽に取り入れられます。

　ポイントは、特徴の違うオイルを2～3種類出しておくことです。オイルはそれぞれ味わいが違うので、料理に合わせて風味を楽しむことができます。

　もちろん、体の中での働きも違います。例えば、朝のエネルギーチャージにはMCTオイルを、魚を食べない日やアレルギーがつらいときにはオメガ3系の亜麻仁油やえごま油を、紫外線の強い季節には抗酸化成分を多く含むオリーブオイルや米油を、といったように、体調や目的に合わせて選ぶこともできます。

　また、酸化しやすいオメガ3系オイルはフレッシュな状態で使い切れるよう、小瓶で、かつ遮光瓶がおすすめです。

　朝は1日の始まり。テーブルオイルで体を整え、元気なスタートを切りましょう。

POINT

- 容器は遮光瓶タイプ
- 酸化しやすいオイルは100 ～ 200ml の小瓶
- 体調や目的に合わせて組み合わせる

朝食メニュー別おすすめオイル

ヨーグルトや納豆、味噌汁など、
朝食のメニューに合うオイルを紹介します。

MCTオイルをティースプーン1杯、プラスしてみましょう。

ヨーグルトに
MCTオイル

コレもおすすめ
アルガンオイル
マカダミアナッツオイル

グラノーラに
マカダミアナッツオイル

コレもおすすめ
アーモンドオイル
MCTオイル

香ばしいナッツの風味とグラノーラのカリカリ食感が合います。

バターのような感覚で塗ってみましょう。固形でも、トーストの温かさでほどよく溶けます。

トーストに
ココナッツオイル

コレもおすすめ
オリーブオイル
ひまわりオイル

おかゆに
米油

コレもおすすめ

えごま油
亜麻仁油

さらっと軽い米油は、おかゆに自然になじみます。少量ずつ足して、調整しましょう。

納豆に
亜麻仁油

コレもおすすめ

サチャインチオイル
カメリナオイル

オイルで納豆の風味がよりまろやかになります。

味噌汁に
えごま油

コレもおすすめ

亜麻仁油
MCT オイル

味噌の味を損なわずに、ティースプーン半分程度でコクがアップします。

野菜ジュースに オイルを数滴プラス

朝におすすめのトマトやにんじんなどの野菜ジュースには、ティースプーン1杯のオイルを加えてみましょう。トマトに含まれるリコピンやにんじんに含まれるβ-カロテンは、水に溶けにくく、油に溶けやすい性質を持っているため、オイルと一緒に摂ることで吸収率がアップします。どちらの成分にも抗酸化作用があり、紫外線による肌の酸化抑制や免疫力アップに役立ちます。つまり、オイルを加えるだけで、私たちの体に必要な脂溶性の栄養素が効率的に摂れることになります。

野菜ジュースは冷たいままでもいいですし、あたためてからオイルを加え、スープのようにして飲んでもおいしいです。

使うオイルは、トマトにはエクストラバージンオリーブオイル、にんじんには米油がおすすめです。米油はほとんど味がありませんが、ほんわかとした甘みを感じるため、にんじんの他、かぼちゃにも合います。

にんじんジュースに 米油

1杯分の野菜ジュースにオイルはティースプーン1/2～1杯が目安です。

POINT

オイルがジュースと混ざりにくいときはハンドシェイカーやミキサーがあると便利です。

和食の朝ごはんといえば、ごはんに味噌汁、焼き魚、和えものなどの一汁三菜ですが、パンなどの洋食を食べる人や、朝食そのものを抜く人も多いかもしれません。ですが、魚には良質な脂質と呼ばれるオメガ３系のＥＰＡやＤＨＡがとても豊富に含まれています。

ＥＰＡやＤＨＡは、体脂肪を燃焼させる働きを高めたり、血液をさらさらにし、中性脂肪値を下げたりしてくれる働きがあります。

また、ＤＨＡは脳や目を健康に保つために重要です。

植物オイルには同じオメガ３系のα-リノレン酸は含まれますが、ＥＰＡ・ＤＨＡは含まれません。ＥＰＡ・ＤＨＡはぜひ、魚で補いましょう。一般的には青魚がよいといわれていますが、旬の脂がのっている魚にもＥＰＡやＤＨＡが豊富です。

活動の始まりである朝こそ、朝食で健康的に魚の油を摂れたらよいですね。

缶詰でも魚の油は摂れる

サバやイワシなどの缶詰は EPA・DHA が豊富。
アレンジしやすい水煮がおすすめです。

朝ごはんに魚の油を

手軽に魚の油が摂れる、手作り鮭フレーク

朝ごはんに魚を焼く時間がないときは、塩鮭を焼いてほぐした「自家製鮭フレーク」を作っておくと便利です。塩鮭をほぐして冷蔵庫で保存する際に、少量の米油を混ぜておくと、鮭に含まれるEPAやDHAの酸化が防げます。市販の鮭フレークよりも、大きめにほぐしておきましょう。ごはんにのせるだけではなく、和えものやサラダにも活用できます。冷蔵庫に入れて保存し、3～4日を目安に食べ切りましょう。

米油の鮭フレーク

recipe

材料

米油 ……………… 小さじ2

塩鮭 ……………… 2切れ

作り方

1. 塩鮭を焼き、骨や皮などを取り除いて粗めにほぐす。
2. 米油を全体に混ぜ合わせ、ふたつきの保存容器に入れる。

保存：冷蔵庫で約3日

鮭フレークの活用例

arrange idea

鮭のポテトサラダ

ゆでたじゃがいもを食べやすい大きさにつぶして、きざんだ大葉（セロリやパセリでもOK）と鮭フレークを混ぜ合わせます。塩、こしょうで味を調整します。

arrange idea

青菜と鮭の和物

ちんげん菜やほうれん草をウォーターソテー（P30）し、鮭フレークを混ぜます。塩味が足りなければ塩やしょうゆで味を調整します。

arrange idea

鮭ごはん

ごはんに鮭フレークを好きな量かけるだけ。すりごまやきざみのりなどを加えてもおいしく食べられます。

朝は良質な糖質を摂ることで、エネルギーの代謝にスイッチが入り、１日を活動的に過ごせます。砂糖などの甘みを使わずに、オイルをかけた蒸しさつまいもを取り入れてみましょう。

使うのは、さつまいもとマカダミアナッツオイルです。さつまいもの風味とオイルのナッツの風味がよく合い、食欲がない朝でも、パクッと食べやすく、自然な甘みも魅力です。

調理も、切ったさつまいもを蒸して、オイルをかけるだけ。また、冷蔵庫で冷やしておいてもおいしく食べられるので、作り置きしておくのもおすすめです。

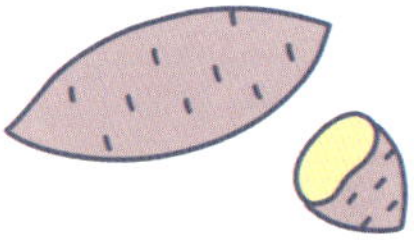

蒸しさつまいもと
オイルで、腸活

蒸しさつまいも＆マカダミアナッツのオイル和え

recipe

材料

マカダミアナッツオイル……大さじ１
さつまいも……………１本（約 200g）
塩……………………………………少々

保存： 冷蔵庫で約３日

マカダミアナッツオイルの主成分であるオレイン酸は、腸の蠕動《ぜんどう》運動を促します。さつまいもの食物繊維と合わせることで、腸活にも役立ちます。

作り方

1. さつまいもを食べやすい大きさに切る。
2. フライパンに 1 と水 50ml（分量外）、塩少々を入れ、ふたをして弱火にかける。
3. さつまいもがやわらかくなったら、水分を飛ばす。

オイルは火をとめてから
回しかけよう

4. 火を止めてマカダミアナッツオイルを回しかけ、スプーンで絡める。さつまいもをつぶすように粉吹き芋のような状態までよく混ぜる。

ウォーターソテー＋オイルで食べる紫外線対策

紫外線対策は、日焼け止めを塗るだけではなく、食事面からもできます。抗酸化作用のあるオイルを朝に摂ることで、その日1日の紫外線対策ができます。

オイルは、抗酸化成分の豊富な米油やアボカドオイル、ひまわりオイルを使いましょう。特に、米油にはスーパービタミンEと呼ばれるビタミンEの50倍もの抗酸化力があるトコトリ

エノールが含まれています。ただし、加熱をすると栄養素が一部変性してしまい、せっかくの抗酸化力が減少してしまうため、生で摂るのがベストです。

　オイルを使わずに水でソテーするウォーターソテーなら、仕上げにオイルで風味をつけるので、オイルの栄養素を損なうことなく、風味もそのまま味わえます。調理法を変えるだけで、オイルを加熱せずに摂ることができ、使う量も減るので、ヘルシーかつ経済的です。

野菜のウォーターソテー

フライパンに切った野菜を入れ、少量の水を加えて火にかけます。ふたをして蒸し焼きのように野菜に火を通し、仕上げにオイルをかけます。ごぼうのきんぴらも炒めず仕上げにごま油をかけるなど、いろいろな野菜に活用できます。

ウォーターソテーを作ってみよう

紫外線対策ができるオイルと野菜で作る2種類のレシピを紹介します。
作り置きもできて、お弁当のおかずにもよく合います。

アボカドオイルで
ウォーターソテー

オイルで
炒めないから
ヘルシー

ピーマンとじゃこの
きんぴら風

recipe

材料（2人分）

アボカドオイル………小さじ2
ピーマン………4個（約200g）
じゃこ…………………………20g
ヘンプシードしょうゆ麹（P55）
……………………………小さじ2
※なければしょうゆとみりん少々
ヘンプシード…………大さじ1

作り方

1. フライパンに細切りにしたピーマンとじゃこ、水大さじ1（分量外）を入れて火にかけ、ふたをする。
2. ピーマンに火が通ったら火を止め、アボカドオイル、ヘンプシードしょうゆ麹、ヘンプシードを入れて混ぜ合わせる。

保存：冷蔵庫で約3日

米油で
ウォーターソテー

にんじんしりしり

recipe

材料（2人分）

米油 ……………………… 小さじ2
にんじん ……… 1本（約150g）
卵 ………………………………… 1個
ヘンプシードしょうゆ麹（P55）
……………………………… 小さじ2
※なければしょうゆとみりん少々
すりごま ……………………… 適量

作り方

1. フライパンに細切りのにんじんと水大さじ1（分量外）を入れて火にかけ、ふたをする。
2. にんじんがしんなりしたら水分をとばし、ヘンプシードしょうゆ麹を加える。
3. 米油を入れて全体になじませてから、溶き卵を入れて炒める。火を止めてすりごまを全体に混ぜる。

保存：冷蔵庫で約2日

お出かけ前に髪と手をオイルで保湿

オイルのおかげで、スタイリングいらず！

オイルを髪や手のお手入れに使うのは、夜のお風呂あがりなどをイメージする人も多いかもしれません。でも、実は朝のお手入れにもぴったりな理由がオイルにはあります。

髪にオイルをつけることで、

・パサつき防止
・キューティクルを守る
・つややかさを出す

などの働きが期待できます。

手にオイルをつけると、乾燥から守ってくれます。

「美は先端に宿る」といわれているように、髪の毛先や手先などの先端が、オイルによってつややかにコーティングされていると、目に入る場所が美しくなり、それだけで、自分自身の気分もあげられます。

使うオイルは、酸化しにくく、ベタつきの少ないスクワランオイルや椿油がおすすめです。逆にオメガ3系オイルなど、空気に触れると酸化しやすいオイルを髪の毛につけると、においの原因にもなるので、気をつけましょう。

手のオイルケア

使用オイル
スクワランオイルや椿油

使い方
手の甲に２〜３滴垂らし、こすり合わせる。

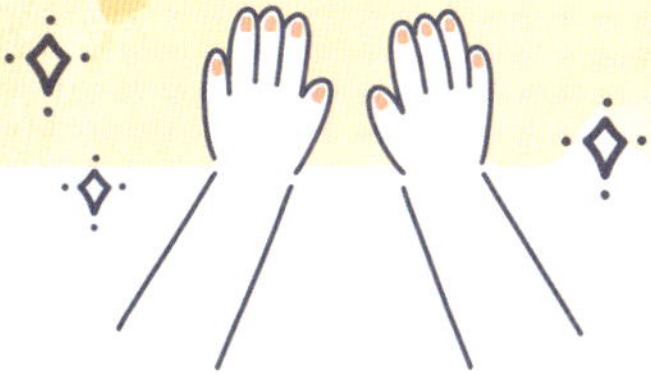

髪のオイルケア

使用オイル
スクワランオイルや椿油

使い方
ショートなら１〜２滴、ロングなら３〜４滴を手のひらでなじませ、毛先を中心に髪全体にもみ込む。

オイルふりかけでお手軽ランチ

オイルというと液体をイメージしがちですが、実はオイルの原料となる「種」を食べることで、良質な脂質を摂ることができます。特にえごま油やヘンプシードオイルの原料となるそれぞれの種はスーパーフードと呼ばれ、脂質以外に、オイルには含まれない水溶性の栄養素（タンパク質やミネラル、水溶性ビタミンなど）も摂れるのが魅力です。

これらのスーパーフードに、じゃこやナッツなどを混ぜれば、食感のいい「オイルふりかけ」のでき上がり。オイルふりかけでおにぎりを作れば、栄養たっぷりのランチになります。

ふりかけは日持ちするので、

作り置きしておけば、野菜炒めや野菜の和えものにも活用できます。お弁当のおかずにもぴったりです。

オイルの原料にも注目！

植物オイルと呼ばれるオイルは、ほとんどが種から作られています。えごま、亜麻仁、ヘンプシード、チアシードのように種自体が食用のものも。良質な脂質を毎日摂るためには、液体のオイルだけでなく、原料の種実類にも注目してみましょう。

オイルの原料はスーパーフード

清潔な容器に入れ、冷蔵庫で保存！
2週間を目安に食べきりましょう

えごまとじゃこのふりかけ

材料（おにぎり約5個分）

① えごま（焙煎）…………20g
② じゃこ ……………………10g
③ 鰹節（粉にする）………2g
④ しょうゆ…………小さじ2
⑤ 粉山椒…………………… 少々

作り方

えごまは軽く煎り、しょうゆを回しかけて味をつける。粗熱が取れたえごまに、じゃこ、鰹節、粉山椒少々を混ぜる。

ヘンプシードとオキアミのふりかけ

材料（おにぎり約5個分）

① ヘンプシード…………20g
② 乾燥オキアミ……………3g
（乾燥エビでもOK）
③ 青のり………………小さじ1
④ 塩…………………ひとつまみ

作り方

乾燥オキアミを細かくきざみ、すべての材料を混ぜ合わせる。

えごまとナッツのふりかけ

材料（おにぎり約5個分）

① えごま（焙煎）…………10g
② カシューナッツ、
アーモンド …………各5粒
③ クミンシード……小さじ1
④ 塩…………………ひとつまみ

作り方

カシューナッツとアーモンドは袋などに入れて細かく砕く。クミンシードは香りがたつまで軽く煎り、すべての材料を混ぜ合わせる。

眠気覚ましと やる気アップに オイルコーヒー

ランチの後、午後はなんだか疲れや眠気を感じやすいもの。夕方近くになると小腹も減って、おやつに手が伸びることもあるかもしれません。そんなときに活用したいのが、MCTオイルを加えたコーヒーです。MCTオイルには中鎖脂肪酸という脂肪酸が豊富に含まれ、エネルギー源として働き、糖質が足りない状態でも脳や体の働きをサポートしてくれます。まさに、疲れを感じているときに、エネルギーを与えてくれるオイルなのです。さらに、コーヒーのカフェインが加わることで、眠気防止にも役立ちます。特に、ミルクを入れたカフェラテなら、オイルが乳化しやす

MCTオイル

パーム核油やココナッツオイルから採れる植物オイルですが、無味無臭です。飲み物に加えても、味や香りを損なうことがありません。より溶けやすいパウダータイプもあります。

く、よりおいしくいただけます。

また、コーヒー以外にもミルクティーや抹茶ラテ、ココアなどにも合います。ミルクは豆乳やオーツミルクなど、どんなミルクでも乳化し、オイルを加えることでコクも深まり、満腹感を得られます。糖質がない上に、エネルギー代謝を高めてくれるので、ダイエット効果も期待できます。

ココナッツオイルで作るギルトフリーのおやつ

なめらかに口の中でとろけるチョコレートは、幸せなおやつタイムにぴったり。実は、ココナッツオイルで簡単に作ることができます。

材料はたったの3つ。ココナッツオイルとココアパウダー、砂糖を混ぜるだけで、10分もあれば完成です。

オイルで甘いものというと「太りそう」と思うかもしれませんが、心配はいりません。なぜなら、ココナッツオイルは中性脂肪になりにくい上に、エネルギー代謝を高めて太りにくい体へと整えてくれるからです。砂糖はGI値の低いココナッ

ツシュガーがおすすめです。砂糖の代わりにデーツも合います。他にもグラノーラやナッツ、ドライフルーツを加えるなどアレンジも楽しめます。

ココナッツオイル グラノーラ

recipe

材料（21cm×15cm バット1個分）

ココナッツオイル………………60g
グラノーラ………………………100g

作り方

1. バットにグラノーラを平らに広げ、ココナッツオイルをかける。
2. 冷蔵庫で冷やし、ココナッツオイルが固まったら、バットから出す。手で好きなサイズに割る。

簡単！
満腹度の高い、
グラノーラバー

砂糖の代わりに
デーツもおすすめ

ココナッツオイル チョコレート

recipe

材料（2人分）

ココナッツオイル………………………50g
ココアパウダー（無糖）………………25g
ココナッツシュガー……………………30g
ぬるま湯………………………………大さじ1

作り方

1. ボウルにぬるま湯とココナッツシュガーを入れて溶かす（10分ほど置くとよく溶ける）。
2. ココナッツオイルとココアパウダーを1に加えてよく混ぜ合わせ、ラップを敷いたバットに流し入れ、冷蔵庫で20分ほど冷やし固める。
3. 固まったらひと口大に切って、ココアパウダー（分量外）を振る。

POINT

ココナッツオイルは約25℃で液体になるので、長時間の室温での放置はNG。持ち歩きにも向きません。

小腹がすいたら
腹持ちのいい
ナッツを

ローカーボ（低炭水化物）のヘルシーなおやつとして人気のナッツ。ナッツは豊富な栄養素を含みますが、摂り方に2つのポイントがあります。

1つ目は量。手軽につい食べすぎてしまいがちですが、ナッツは脂質の含有量が多く、高カロリー。例えば、アーモンド100gあたりの脂質量は51.8g、カロリーは609kcalです。約半分が脂質です。1日の脂質の摂取目安量から考えると、間食で摂る脂質は10～15gに抑えたいところ。ナッツは20g～30gほど、片手1杯分が1日分の目安です。また、油で揚げていない素焼きタイプがおすすめです。

2つ目は種類です。ナッツごとに、タンパク質やビタミン、ミネラルなど、含まれる栄養素も、脂肪酸の種類も異なります。数種類を一緒に摂ればバランスよく脂質を補えます。

また、酸化のリスクを減らすため、大袋ではなく小袋タイプの商品がよいでしょう。

1日のおやつの目安量は、
片手1杯分ぐらい！

POINT

- 数種類混ざったミックスナッツ
- 油で揚げていない素焼きタイプ
- 1～2回で食べ切れる小袋タイプ

単品で摂る場合の
1日分のナッツ別目安量

ナッツ20g
あたりの粒数

くるみ

約 4～5 粒（1/2 サイズ）

アーモンド

約 17 粒

マカダミアナッツ

約 10 粒

ピーカンナッツ

約 7～8 粒

松の実

約 95 粒

ピスタチオ

約 27～30 粒

ピーナッツ

約 20 粒

カシューナッツ

約 13 粒

おやつにおすすめ！ナッツカタログ

ナッツそれぞれの特徴を知って、自分に合う栄養を摂りましょう。

くるみ

オメガ3の含有率が
ナッツの中でトップ

脂質量は100g あたり68.6g と、ナッツの中でも高いものの、オメガ3 系の脂質の含有率もとても高いです。オメガ3とオメガ6 が 1：4 のバランスで含まれます。

アーモンド

老化防止に役立つ
ビタミンEが豊富

脂質は、LDL（悪玉）コレステロールを抑制する働きがあるオレイン酸が 70%。「若返りのビタミン」と呼ばれるビタミンE が他のナッツより多く含まれます。

マカダミアナッツ

お肌のハリや
つやをサポート

パルミトレイン酸の含有量がナッツの中でダントツに多いのが特徴。パルミトレイン酸は、糖尿病予防の他、肌のハリやつやを維持する働きも期待できます。

ピーカンナッツ

エイジングケアに
ぴったりのナッツ

アメリカの化学会学会誌で、抗酸化物質を多く含む食品トップ20にランクインした唯一のナッツ。ビタミンE やポリフェノールを含みます。

松の実

おやつに最適な
空腹を満たすナッツ

独特の脂肪酸、ピノレン酸を含みます。ピノレン酸は、食欲を抑えるホルモンの分泌を促し、空腹感を抑える効果が期待できます。肌細胞の活性化にも働きます。

ピスタチオ

コレステロールの
吸収抑制の成分が豊富

コレステロールの吸収を抑える植物ステロールが、ナッツの中で最も多く、ポリフェノールも豊富。薄皮の部分に成分が多く含まれるので、殻をむき、薄皮ごと食べましょう。

ピーナッツ

豊富な食物繊維で
お通じをサポート

主な脂質はオメガ6のリノール酸とオメガ9のオレイン酸。さつまいもの3倍もの食物繊維や、抗酸化力の高いポリフェノールを含みます。どちらも薄皮に多いので、薄皮ごと食べましょう。

カシューナッツ

マグネシウム・亜鉛
などミネラル豊富

ナッツの中では脂質が少なく、カロリーが低いのが特徴。神経伝達やタンパク質の合成酵素など、300種類もの代謝酵素に関わるマグネシウムや、免疫機能を高める亜鉛を豊富に含みます。

外気や冷暖房などにさらされて、私たちの肌は1年中乾燥しやすい状態です。乾燥することで、メイクが崩れたり、小じわが目立つようになったりしてしまいます。

そこで活用したいのが、乾燥

乾燥対策や化粧直しにオイルスプレー

対策と化粧直しのオイルスプレー。水とオイルを混ぜるだけで、簡単に手作りできます。オイルを加えることによって、肌が保湿されるのはもちろん、ファンデーションやパウダーをピタッと密着させてくれます。ファンデーションやパウダーの前に使うのがポイントです。

また、化粧直しをしない場合でも、オイルスプレーをするだけで肌が潤い、自然なつやも出るため、気分のリフレッシュにもなります。なお、手作りのため、目安として2週間以内に使い切りましょう。

乾燥対策と化粧直しのオイルスプレー

recipe

材料（20ml 容器 1 本分）

お好みのオイル ……………… 4ml
精製水（もしくはフローラルウォーター）…………………………… 16ml
※オイルと精製水は 1：4 の割合

作り方

スプレー容器にオイルと精製水を入れる。

POINT

さらっとした仕上がりがお好みなら、オイルと精製水の割合を 1：5 にします。
精製水の代わりにネロリやローズのフローラルウォーターを使うと、香りよく仕上がります。

肌におすすめのオイル

- 椿油
- 茶実オイル
- アルガンオイル
- ホホバオイル

POINT

オイルと水は分離するため、使う直前によく振りましょう。

オメガ3系オイル×ドレッシングベースで野菜を味わう

私たち現代人が不足しがちなのが、必須脂肪酸であるオメガ3系のオイルです。オメガ3系のオイルは、加熱に弱く、食事や飲み物にかけたり混ぜたりして生で摂るオイルですが、忙しい毎日の中ではサプリメントのように習慣的に摂り続けるのは難しいと感じるかもしれません。

そこで提案したいのが、オイルを入れずに野菜だけで作り置きしたドレッシング。食べる直前にオイルを加えましょう。こ

れなら、オイルが酸化せずにフレッシュな状態で食べられます。
オメガ3系オイルの1日の摂取目安は、ティースプーン1杯です。ドレッシングに加えるだけで1日分の目安はクリアできます。たっぷりかけてドレッシングの野菜の栄養も摂れるように、塩味は控えめに作ってみましょう。

dressing base

にんじんドレッシングベース

合うオイル

- サチャインチオイル
- カメリナオイル

recipe

材料

にんじん………1本（約150g）
玉ねぎ…………1/4個（約60g）
セロリ…………1/2本（約60g）
りんご…………1/4個（約50g）
にんにく………………1/4かけ
レモン汁 …………………1個分
塩 ………………………… 小さじ2

作り方

材料をすべて入れてブレンダーにかける（なければすりおろす）。

保存： 冷蔵庫で約1週間

dressing base

玉ねぎドレッシングベース

recipe

材料

玉ねぎ…………1個（約280g）
酢 ………………………… 大さじ1
しょうゆ ……………… 大さじ1
塩 ………………………… 小さじ2

作り方

1. 鍋にスライスした玉ねぎ、塩少々、水大さじ1（分量外）を入れ、ふたをして弱火でじっくり玉ねぎに火を通す。
2. 玉ねぎに火が通り水分がなくなったら火を止めて、酢、しょうゆと一緒にブレンダーにかける。

保存： 冷蔵庫で約1週間

合うオイル

- 亜麻仁油
- えごま油

ドレッシングベースとオイルでサラダを作ろう

ドレッシングベースに、オイルとたっぷりの野菜で作るサラダを紹介します。

POINT

- 食べる直前にオイルとドレッシングベースを混ぜる
- 1人分のオイルは小さじ1杯程度が目安

にんじんドレッシングベースに
サチャインチオイル

ミックスビーンズのサラダ

recipe

材料（2人分）

にんじんドレッシングベース…… 大さじ4
サチャインチオイル…………… 小さじ2
ミックスビーンズ………………… 100g
キャベツ……………… 1/8個（約150g）
アボカド………………… 1個（約170g）

作り方

1. にんじんドレッシングベースとサチャインチオイルを混ぜる。キャベツは粗みじん切りにして、塩適量（分量外）でもんで絞る。
2. アボカドは5mmの角切りにする。
3. 1、2とミックスビーンズを和えて味を整える。

玉ねぎドレッシングベースに
亜麻仁油

豚しゃぶサラダ

recipe

材料（2人分）

玉ねぎドレッシングベース…………大さじ4
亜麻仁油……………………………………小さじ2
赤玉ねぎ………………………1/4個（約150g）
豚肉（しゃぶしゃぶ用）…………………160g
ブロッコリースプラウト……………………50g

作り方

1. 赤玉ねぎはスライスし、辛味が気になる場合は冷蔵庫で冷やす。
2. 豚肉は茹でて、冷ましておく。
3. 玉ねぎドレッシングベースと亜麻仁油を混ぜ合わせ、赤玉ねぎ、豚肉、ブロッコリースプラウトを加えて和える。

こんなサラダもおすすめ！

recipe

玉ねぎドレッシングベース
もち麦とまいたけの温サラダ

材料（2人分）

玉ねぎドレッシングベース……大さじ4
えごま油……………………………小さじ2
もち麦……………………………………80g
まいたけ……………1パック（100g）

作り方

1. 玉ねぎドレッシングベースとえごま油をよく混ぜ合わせる。
2. 鍋にひたひたに水を入れもち麦と塩少々（分量外）、細かく切ったまいたけを入れて火にかける。もち麦に火が通ったら水分を飛ばし、粗熱が取れたら1で和える。

recipe

にんじんドレッシングベース
アボカドとエビのサラダ

材料（2人分）

にんじんドレッシングベース…大さじ4
カメリナオイル……………………小さじ2
アボカド…………………1個（約170g）
ゆでエビ…………………10尾（約35g）
玉ねぎ…………………………1/8個（約25g）

作り方

1. にんじんドレッシングベースとカメリナオイルをよく混ぜ合わせる。
2. ひと口大に切ったアボカドとゆでエビ、玉ねぎのみじん切りを一緒に和える。

オイル × 発酵食品で おいしく腸活

えごま味噌

recipe

材料

えごま（焙煎）…………………30g
味噌…………………………………30g

作り方

えごまをミルまたはすり鉢ですり、味噌を加えてよく練り混ぜる。
※生のえごまを使う場合は、炒ってからする。

保存：冷蔵庫で約１か月

えごまと味噌

発酵食品は腸活によいというのはよく知られていますが、発酵食品にオイルを足すことで、

ヘンプシード しょうゆ麹

recipe

材料

ヘンプシード……………………50g
米麹……………………………100g
しょうゆ………………………80ml
水………………………………80ml

作り方

1. 保存容器に材料をすべて入れて混ぜ合わせる。
2. 1日1回混ぜて、麹がやわらかくなったらでき上がり。

保存：冷蔵庫で約2か月

ヘンプシードとしょうゆ麹

夏は約1週間、冬は約2週間で完成

さらに腸活をサポートすることができます。

オメガ3系のオイルは、発酵食品と同じように腸内の善玉菌を増やす働きがあり、発酵食品と組み合わせて摂ることで相乗効果が期待できます。

また、えごまやヘンプシードなどを使うことで、種実類に含まれるさまざまな栄養素を摂れます。さらに発酵食品と合わせることで脂質の酸化が防げる上に、一部の脂肪酸が微生物によって抗炎症作用のある脂質に変わるなど、まさに最高の組み合わせ。えごま味噌とヘンプシードしょうゆ麹なら、おいしい調味料としてさまざまなメニューに活用できます。

オイル×発酵食品を活用しよう

えごま味噌やヘンプシードしょうゆ麹の
使い方を紹介します。

えごま味噌で
野菜スティック

recipe

材料（2人分）

えごま味噌……………………適量
お好みの野菜…………………適量

作り方

1. お好みの野菜をスティック状に切り、皿に並べる。
2. 器にえごま味噌を入れて、皿に盛る。

arrange recipe

えごま味噌

[焼きおにぎり]
おにぎりにえごま味噌を塗って、トースターでこんがり焼く。

[味噌トースト]
食パンにえごま味噌を塗って、トースターでこんがり焼く。

ヘンプシードしょうゆ麹

[豚の生姜焼き]
ヘンプシードしょうゆ麹に生姜を足して、豚の生姜焼きの味付けに使う。

[鯵のなめろう風]
鯵のたたきときざんだ香味野菜にヘンプシードしょうゆ麹を加えてなめろう風に。

いろいろなレシピでアレンジ可能！

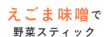

ヘンプシードしょうゆ麹で ゆで鶏と春菊のサラダ

recipe

材料（2 人分）

ヘンプシードしょうゆ麹 ……… 適量
鶏胸肉 ………………… 1 枚（約 100g）
春菊 ………………… 1/2 束（約 100g）
生姜 ……………………………… 1 かけ
塩 ……………………………… 小さじ 2

作り方

1. 塩とスライスした生姜を入れて煮たたせた湯に、鶏胸肉を入れ、弱火でしっとりとゆで、粗熱がとれたら食べやすい大きさにほぐす。
2. 春菊の茎は斜め切り、葉は食べやすい大きさにちぎる。
3. 1と2をヘンプシードしょうゆ麹で和える。

えごま味噌で 大根ステーキ

recipe

材料（2 人分）

えごま味噌 ………………… 大さじ 1
大根 ……………… 1/4 本（約 250g）

作り方

1. 大根は薄切りにし、フライパンに 5mm ほど水を入れふたをしてこんがり焼く。
2. えごま味噌を同量のお湯で溶く。
3. 大根にえごま味噌をかけ、お好みで木の芽（分量外）を添える。

スープに
スパイスオイル

スパイスオイルで毎日のごはんを飽きずに味変

香り豊かなスパイスは、料理に取り入れることで味わいに新たな風味が加わるのが魅力です。香りの成分はオイルに溶け込みやすく、また、オイルは香りを抱え込む性質があるので、スパイスオイルを作っておくと、いつものメニューでも簡単に味に変化をつけられます。スパイスの種類もたくさんあり、数滴たらすだけで、香りを十分に堪能できます。

例えばスープなら、シンプル

刺身に
スパイスオイル

Cardamom

Five-spice powder

Cumin

なコンソメスープ、卵スープ、トマトスープまで、スパイスオイル数滴で、華やかな風味に。刺身もしょうゆにスパイスオイルを足してつけると豊かな味変に。ポイントは、熱に強いオイルを使うことです。1回に使う量は少量なので、まとめて作っておけば、長持ちします。

作り置きしたいスパイスオイル

鍋にオイルを入れ火にかけたら
スパイスを入れ、
弱火でじっくりとあたためて
スパイスの香りをオイルに移します。
香りがたってきたら、完成。
作りたてより、数日置いたほうが香りが出ます。

ミルクパンのような小鍋が作りやすい

spice oil　1

カルダモンオイル

recipe

材料

ココナッツオイル……50g
カルダモン……5個
オレンジの皮……少々
※なければ他の柑橘でも可。できれば無農薬のものを

作り方

小さめの鍋に材料を入れて10分ほど弱火にかけてオイルに香りを移す。

保存：保存容器に入れて約1か月

合う料理

- 白身魚の刺身
- バニラアイス
- にんじんサラダ
- かぼちゃのスープ

spice oil　2

クミンオイル

recipe

材料

米油……………………………………50g

コリアンダーシード、クミンシード

……………………………………各小さじ 1

作り方

小さめの鍋に材料を入れて 10 分ほど弱火にかけてオイルに香りを移す。

保存：保存容器に入れて約 1 か月

合う料理

- 茄子の煮浸し
- ラムステーキ
- ほうれん草のごま和え
- ポテトサラダ

spice oil　3

五《ウー》香《シャン》粉《フェン》オイル

recipe

材料

ごま油 ……………………………………50g

乾燥オキアミ（なければ乾燥小エビ）…………5g

五香粉……………………………………小さじ 1/2

生姜……………………………………20g

にんにく……………………………………1 片

作り方

ごま油の半量、みじん切りにした生姜、にんにく、乾燥オキアミを小さめの鍋に入れて弱火で 10 分ほど加熱し、火を止めて五香粉と残りのごま油を加える。

保存：保存容器に入れて約 1 か月

合う料理

- カツオやマグロなど赤身の刺身
- 麻婆豆腐
- もやしナムル
- 餃子

シャンプー前に
オイルで頭皮マッサージ

1日の疲れを癒やす入浴タイム。お湯につかる前に頭皮マッサージをすれば、疲れやコリが解消されるのはもちろん、髪や頭皮のケアに加えて、顔のリフトアップも期待できます。

また、

・ほうれい線・しわ予防
・薄毛・脱毛予防
・頭皮のにおい・べたつき予防

などのメリットもあります。

オイルを使ってマッサージをすると、毛穴につまった余分な皮脂汚れが取れるので、健康な髪が生えやすい状態になり、脱毛予防にもなります。さらに、こめかみを中心とした側頭部をよくもみほぐせば、ほうれい線や顔のたるみ予防にもつながります。

使うオイルは、血行を促進するビタミンEが含まれるひまわりオイル、アルガンオイル、米油などがおすすめです。

日々、スマホやPCなどの液晶画面を見る時間が多い人は特に、頭皮が思った以上にこっています。ぜひ、オイルの頭皮マッサージを習慣にしましょう。

頭皮マッサージの方法

1 オイルを手のひらに直径1cm
ほど出し、手のひら～指先まで
まんべんなくなじませる。

2 指で地肌をとかすように生え際から
頭頂部に向かってマッサージをする。

3 側頭部（眉毛の横あたり）は、
指のはらで円をくるくる描くように
地肌をほぐす。

4 手のひらで側頭部をはさみ、
円を描きながら地肌をほぐす。

5 シャンプー前に、
地肌をよく湯洗いする。

POINT

マッサージしたオイルは
よく洗い流しましょう。

お風呂上がりのオイルで全身を整える

肌は、乾燥するとバリア機能が崩れ、肌荒れやかさつきなどトラブルを起こしやすくなります。そこで、オイルの出番です。お風呂上がりの体があたたまった状態は、全身の肌ケアをする絶好の時間です。オイルが肌の皮脂を補って、乾燥を防いでくれることで、バリア機能を高めて肌トラブルから守ります。

お風呂上がりにタオルで軽くふいたら、全身にオイルをなじませましょう。使うオイルは、肌の乾燥を防ぎ、酸化にも強いホホバオイルや米油、椿油がおすすめです。

全身や乾燥の気になる箇所にオイルを塗りますが、ポイントは体が少し濡れた状態で行うことです。体に水分が残っている状態でオイルをつけると、水となじんでオイルの伸びがよく、つける量も少量ですむ上、ベタつきも気になりません。反対に、体が乾いた状態で塗ると、伸びにくいため、使うオイルの量が増え、ベタつきも気になってしまいます。

POINT

体が少し濡れた状態でつけるとオイルの伸びがよく、なじみやすいです。

0歳児から オイルケアで強い体に

赤ちゃんは皮脂の分泌量が少ないので、乾燥しやすく、放っておくとバリア機能が低下してしまうことがあります。肌が荒れていたり、乾燥が気になったりする場合は、オイルを薄く塗って、肌を守ってあげましょう。

パーツ別簡単マッサージ

気になる部位をオイルで集中的にマッサージするのもおすすめです。

shoulder

肩のマッサージ

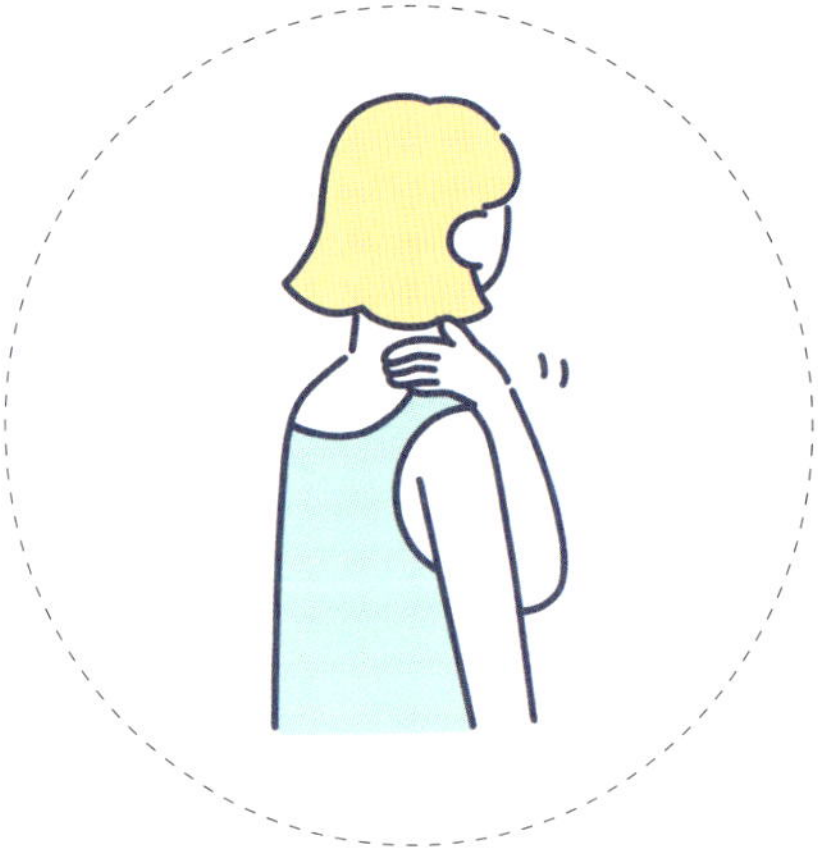

凝り固まった肩をほぐす

肩の上に手のひらを置いて、指先を左右にスライドさせながら肩にオイルをなじませます。気持ちいいと感じるまで、コリを感じている箇所をもみほぐします。

neck

首のマッサージ

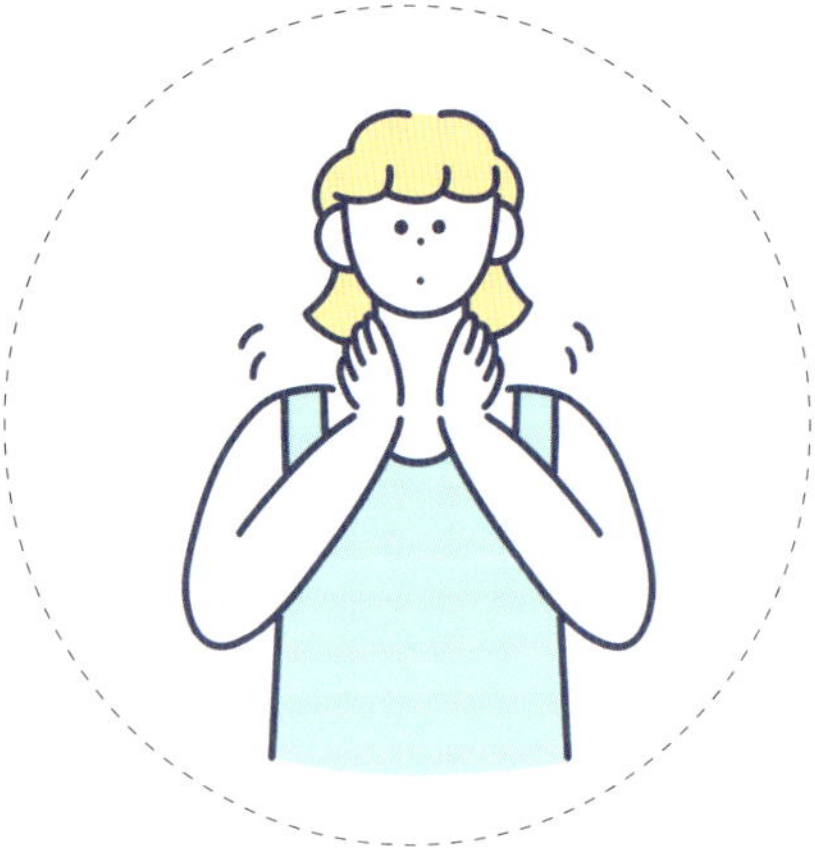

リンパの流れを整えて、血行をアップ

手のひらで、首筋を上から下に2～3回、左右の鎖骨をそれぞれ内側から外側にむかって2～3回なでます。最後に親指で後頭部の付け根をぎゅっと5秒ほど押します。

POINT

オイルを両手のひらによくのばしてから、マッサージを始めます。肌の乾燥の状態によって、オイルのしみこみ具合が変わるため、量は調整しましょう。

leg

足のマッサージ

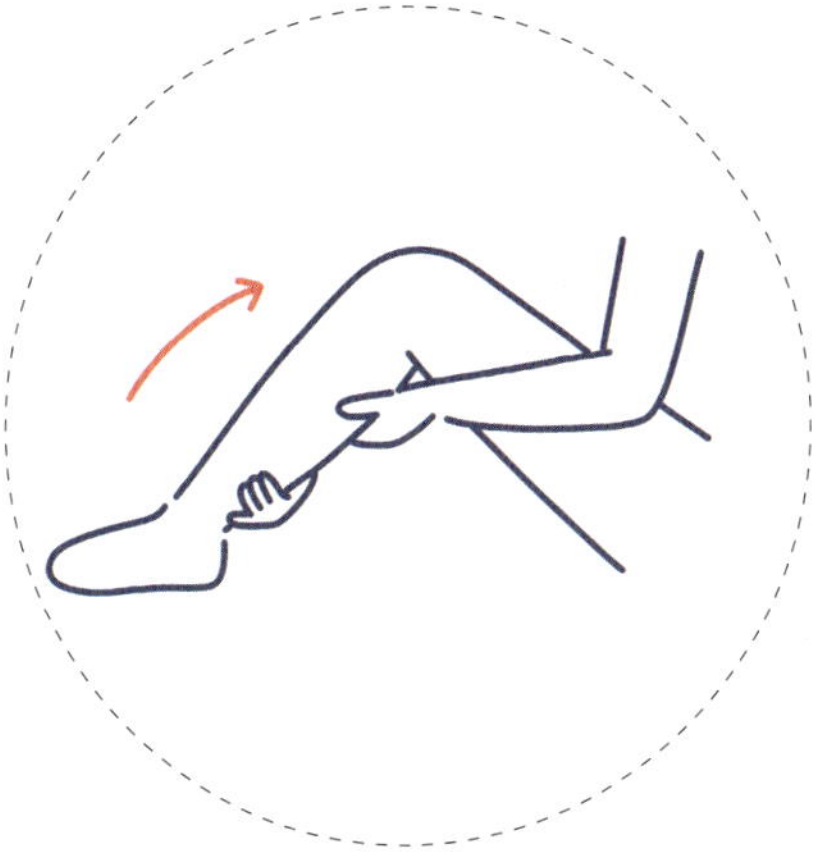

足の疲れを回復し、血行をよくしてむくみもすっきり

片ひざを立てて座り、ふくらはぎを手に密着させて、足首から上にむかって、さすりあげます。左右の手を交互に使い、10回ずつさすりあげたら、反対の足も同様に行います。

stomach

お腹のマッサージ

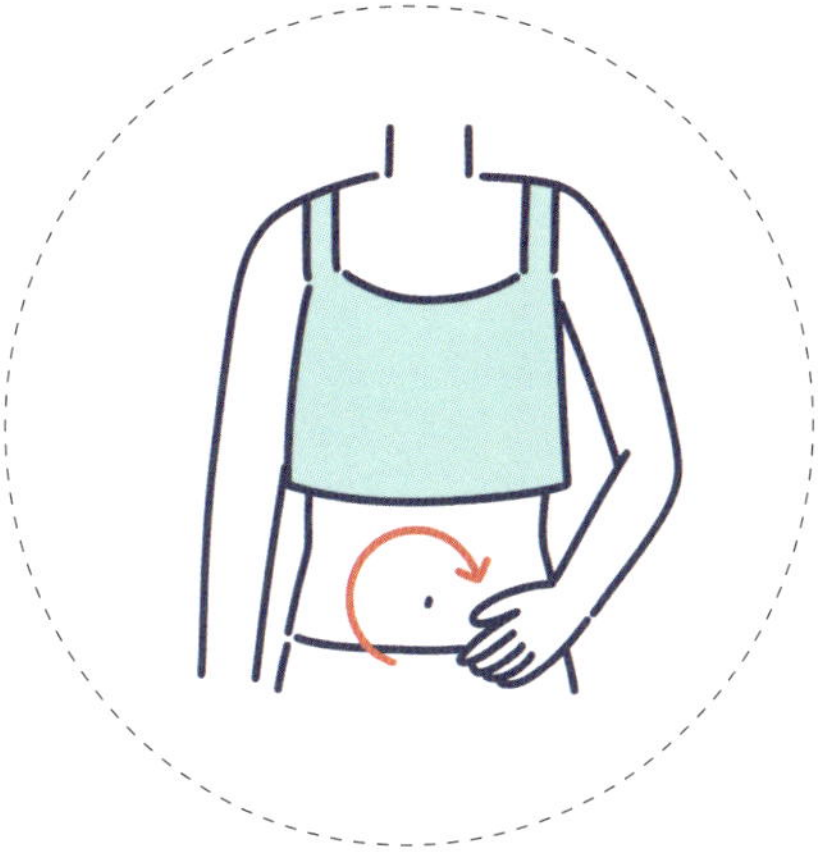

お腹を外から刺激して、腸の活動を活発に

手のひらで円を描くように、おへそのまわりを時計回りにマッサージします。少しずつ円を大きくし、お腹全体に広範囲に刺激を行き渡らせましょう。

夜はオイルスキンケアで乾燥を防ぎしっとり保湿

オイルは、朝と同様に、夜のスキンケアの仕上げにもおすすめです。オイルの油分が、スキンケアで補った水分の蒸発を防いでくれます。皮膚の乾燥状態を調べる指標である経表皮水分蒸散量（ＴＥＷＬ）を測定すると、オイルを塗った場合とそうでない場合とでは、水分の蒸散量に大きく差が出ます。水分の蒸散を抑えて乾燥を防ぐために、スキンケアの最後にオイルでふたをしましょう。

ただし、いくら乾燥を防ぎたいからといって、塗りすぎはよくありません。過剰なオイルは酸化や毛穴詰まりなど、肌トラブルを招いてしまうことがあります。肌の状態には個人差がありますが、さわってみてしっとりしたと感じるのが適量です。

つけ方のコツを知って、
オイルの効果を
最大限に活かそう

スキンケアの方法

1

蒸しタオルで肌をあたためる

濡らしたタオルを電子レンジであたためて蒸しタオルを作り、顔にのせましょう。肌があたたまっていると、オイルの浸透度が高まります。

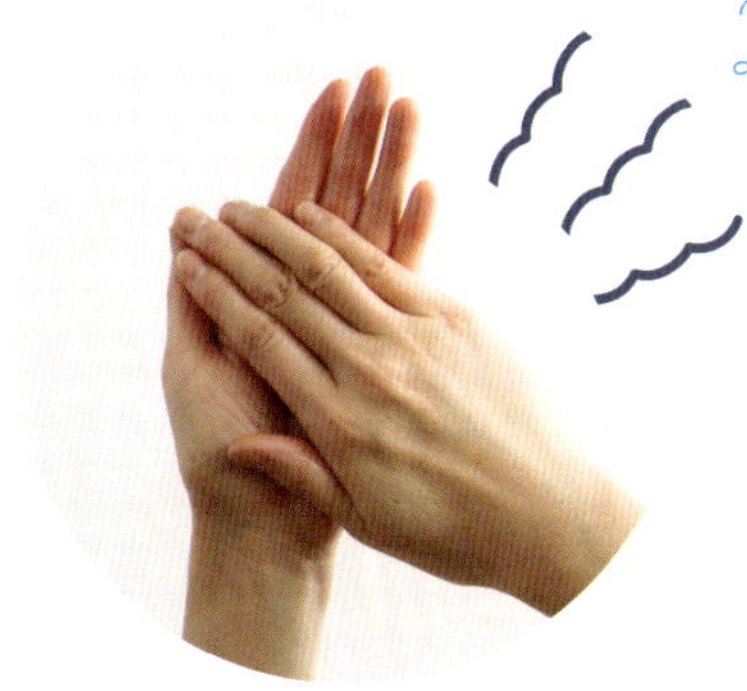

2

オイルを手によくなじませる

オイルを手のひら全体にくまなくなじませたら、手で顔をつつみこんで軽く圧をかけながらつけます。手全体にオイルをつけることで、顔のすみずみまでオイルを浸透させやすくします。

POINT

少量の化粧水を手になじませて顔全体をおさえると、ベタつかずしっとりとします。

目的別 おすすめオイルリスト

乾燥予防

- 椿油
- オリーブオイル
- アルガンオイル
- 茶実オイル
- 米油
- 馬油
- ホホバオイル
- スクワランオイル

シミ・そばかす予防

- ローズヒップオイル
- ラズベリーシードオイル
- アルガンオイル
- 米油
- タマヌオイル

くすみ予防

- ローズヒップオイル
- アルガンオイル
- 米油

しわ予防

- シーバックソーンオイル
- マカダミアナッツオイル
- 米油
- 馬油
- ホホバオイル

ニキビ・傷跡のケア

- ブラッククミンシードオイル
- タマヌオイル
- ホホバオイル

COLUMN

オイルスキンケアのQ&A

Question

オイリー肌でも オイルを使って 大丈夫？

Answer

量に気をつけて使いましょう

オイリー肌の人以外でも、オイルのつけすぎはトラブルを招きます。手でさわってみて、もっちり、しっとりと感じるくらいが適量です。オイリー肌や混合肌の人の場合は、薄くつけるように心がけましょう。

Question

何種類かの オイルを混ぜて 使ってもいい？

Answer

ベースのオイルを決めてから、混ぜて使いましょう

オイルそれぞれの効能を取り入れて、ブレンドするのもおすすめです。酸化しやすいオイルを使う場合は、ホホバオイルなどの酸化安定性が高いオイルをベースにするとよいでしょう。3か月以内を目安に使い切りましょう。

Question

朝と夜で 同じオイルを 使ってもいい？

Answer

朝と夜で使い分けてみましょう

朝は、紫外線にあたっても酸化しにくいオイルを、夜は、昼間受けた紫外線によるダメージをケアするオイルを選びましょう。朝晩両方使いたい場合は、酸化しにくくダメージケアにも向いているホホバオイルや米油、アルガンオイルなどがおすすめです。

精油×オイルできれいを磨く

毎日のスキンケアにオイルのみを取り入れるのもおすすめですが、オイルに精油（エッセンシャルオイル）をプラスすることで、さらに香りも楽しめます。精油は植物の恵みがぎゅっと凝縮された原液なので、数滴入れるだけで、その香りがふわっと広がります。

　ただし、精油は直接肌につけることができないため、必ずオイルと一緒に混ぜ合わせて活用しましょう。また、精油を入れたブレンドオイルを使う際は、パッチテストをしておきましょう。腕の内側にオイルを塗って数時間から1日おいて、赤みやかぶれが出ないかを確かめます。

　スキンケアやヘアケアなどに使う場合の分量は、オイル10mlに対して、精油は2～3滴ほどが目安です。ボディケア、ハンドケアにも活用できます。

肌におすすめの精油リスト

- パルマローザ
- ローズ
- ゼラニウム
- ローズウッド
- フランキンセンス
- ラベンダー・アングスティフォリア
- カモマイル・ジャーマン
- ティートゥリー
- 月桃
- セロリシード

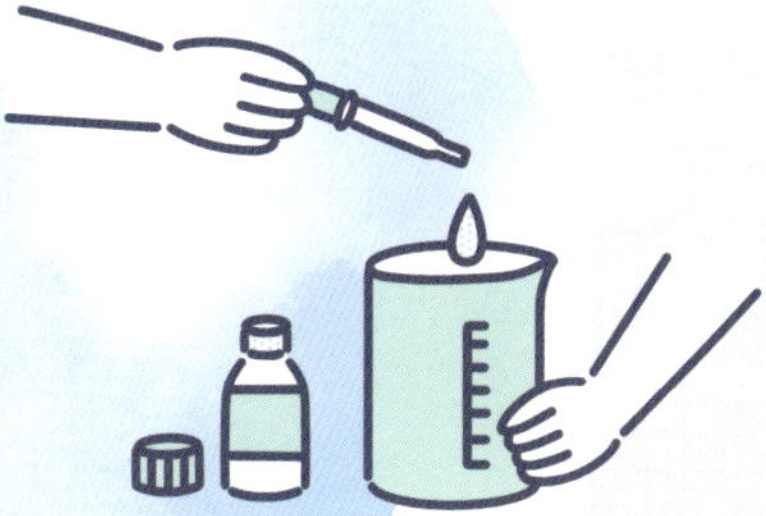

美容オイルで香りも楽しむケア

シミやたるみなどのエイジングサインをケアする、美容オイルを作ってみましょう。清潔な容器にオイルと精油を入れたら、よく振って混ぜ合わせます。オイルと複数の精油だけのシンプルなレシピで、防腐剤などの化学的な物質を加えません。作ったら、1か月以内を目安に使い切りましょう。スキンケアの手順は、化粧水をつけてから美容オイルを塗って完了です。

＼ ピンポイントに塗る集中ケア ／

シミ対策の美容オイル

recipe

材料（10～15ml 容器 1 本分）

タマヌオイルまたは
ローズヒップオイル………10ml
レモンの精油……………………1 滴
セロリの精油……………………1 滴
ローズウッドの精油…………1 滴

作り方

すべての材料を容器に入れて、よく振る。

＼ 顔全体用に使う ／

エイジング対策の美容オイル

recipe

材料（10～15ml 容器 1 本分）

マカダミアナッツオイル
……………………………………10ml
パルマローザの精油…1 滴
ローズウッドの精油…1 滴
ゼラニウムの精油……1 滴

作り方

すべての材料を容器に入れて、よく振る。

オイル香水で好きな香りを纏《まと》う

オイルを使った香水は、アルコールを使用している香水と比べ、体温にオイルが反応して、ゆるやかにやさしく香ります。香りの拡散が少ないので、よほど至近距離でない限り周りの人に気づかれにくく、自分だけの香りとして楽しめます。好きな香りの精油とオイルを混ぜて、肌に直接塗るロールオンタイプの容器で、オリジナルの香水を作ってみましょう。

オリジナルのオイル香水

recipe

材料（10ml のロールオン容器 1 本分）

スクワランオイル……………9ml
お好みの精油………計 6 ～ 8 滴

作り方

すべての材料を容器に入れて、よく振る。

手首や首すじに塗って
ふんわりとした香りを
楽しもう

おすすめの精油

- ゼラニウム
- フランキンセンス
- マジョラム
- マンダリン
- サンダルウッド
- ベルガモット

オイルプリングで虫歯・口臭・感染症対策

オイルプリング（オイルうがい）とは、オイルを口に入れて、マウスウォッシュのように口をゆすぐケアです。使うのは、コ

POINT

- 使うのはココナッツオイル
- ココナッツオイルは固まっていてもOK
- 口に入れたら、5分以上ゆすぐ

コナッツオイルです。口の中でぶくぶくとゆすぐことで、唾液と混ざり分解され、ココナッツオイルに含まれるラウリン酸が抗菌力を発揮します。ポイントは、唾液としっかり混ざるように、くちゅくちゅと5分以上ゆすいでから吐き出すこと。虫歯や口臭、感染症の予防に役立ちます。口に残ったオイルが気になる場合は、最後に水でゆすぎましょう。

　ココナッツオイルは、固まった状態でも口の中で溶けるので問題ありません。1回の目安量は大さじ1杯です。オイルプリングを行うタイミングは、歯磨きの前後や気になるときなど、いつでも構いません。

オイルサプリで ゆったりと心をリラックス

心配ごとや不安など、ストレスを抱えているとぐっすり眠れないということがありますよね。実は、そんなときに活用できるオイルがあります。

オメガ3脂肪酸のDHAやEPAには、気分や感情の調節に重要な役割を果たす神経伝達物質のセロトニンの合成や働きをサポートして、精神的なストレスを緩和するという報告があります。さらに、睡眠と覚醒のリズムを調節するメラトニンというホルモンの分泌をサポートし、睡眠中のストレスホルモンの濃度を下げる効果などが研究されています。

DHA・EPAは魚類に含まれているので、食事で摂ることも大事ですが、魚やクリル（オキアミ）から抽出したオイルのサプリメントなら、より手軽に摂れます。摂取したサプリメントをしっかり吸収できるように、食後や食事中に摂りましょう。食事を摂ることで分泌が促される消化酵素によって、脂質の吸収が高まります。

オイルサプリとは？

素材の強い匂いや味をコーティングするカプセル。苦くて辛みのあるブラッククミンシードオイルや、独特な匂いのあるクリルオイルなどでよく使われています。

日々のオイルバランスを 見直すことも心のケアになる

毎日の食事で摂るオイルは、メンタル面にも作用します。オメガ3と6の理想的な比率は1：2〜4。バランスが崩れオメガ6が過多になると、不安障害やうつ状態になりやすい傾向があることがわかっています。オメガ6は加工食品に多く含まれるため、日々の食事を見直してみましょう。

Rice bran oil

Rapeseed oil

PART 2

賢く活用するオイルの基礎知識

オイルとはそもそも「脂質」の1つ。
そこでオイルをより賢く活用するために
知っておきたい「脂質」の役割や
「脂肪酸」の種類と特徴、
よく聞く「オメガ3と6」のバランスのこと、
植物オイルについて、解説します。

＼ じっくり学ぼう ／

- 脂質
- 脂肪酸
- 植物オイル
- オイル生活
- スキンケア

脂質とは

PART1で、「オイル」の毎日の楽しみ方、摂り方などをお伝えしてきましたが、「オイル」とは、そもそも「脂質」の１つです。脂質は、糖質、タンパク質と並ぶ３大栄養素の１つであり、私たちが生きていくのに欠かせない重要な栄養素です。脂質と似た言葉に「脂肪」や「脂肪酸」があり、混乱するかもしれません。まずは言葉を整理しましょう。

「脂質」とは、簡単にいうと、水と混ざりにくい物質の総称です。代表的な脂質には、「脂肪（トリグリセリド）」や「リン脂質」「脂質メディエーター」「コレステロール」「植物ステロール」「セラミド」「ワックスエステル」があります。また、広義ではビタミンA、D、Kなどの脂溶性ビタミンやβ-カロテンやリコピン、アスタキサンチンなどの脂溶性ファイトケミカルなども脂質に含まれます。

「脂肪」はオイルや食材の脂質の主成分で、グリセロールという物質に「脂肪酸」が３つ結合したトリグリセリドという構造をしています。「リン脂質」は細胞膜を構成する脂質です。水に溶ける頭部と水に溶けない尾部でできていて、尾部には「脂肪酸」が結合しています。「脂肪酸」は、単独でエネルギーになる他、脂肪やリン脂質の構成材料にもなります。

脂質・脂肪・脂肪酸の違い

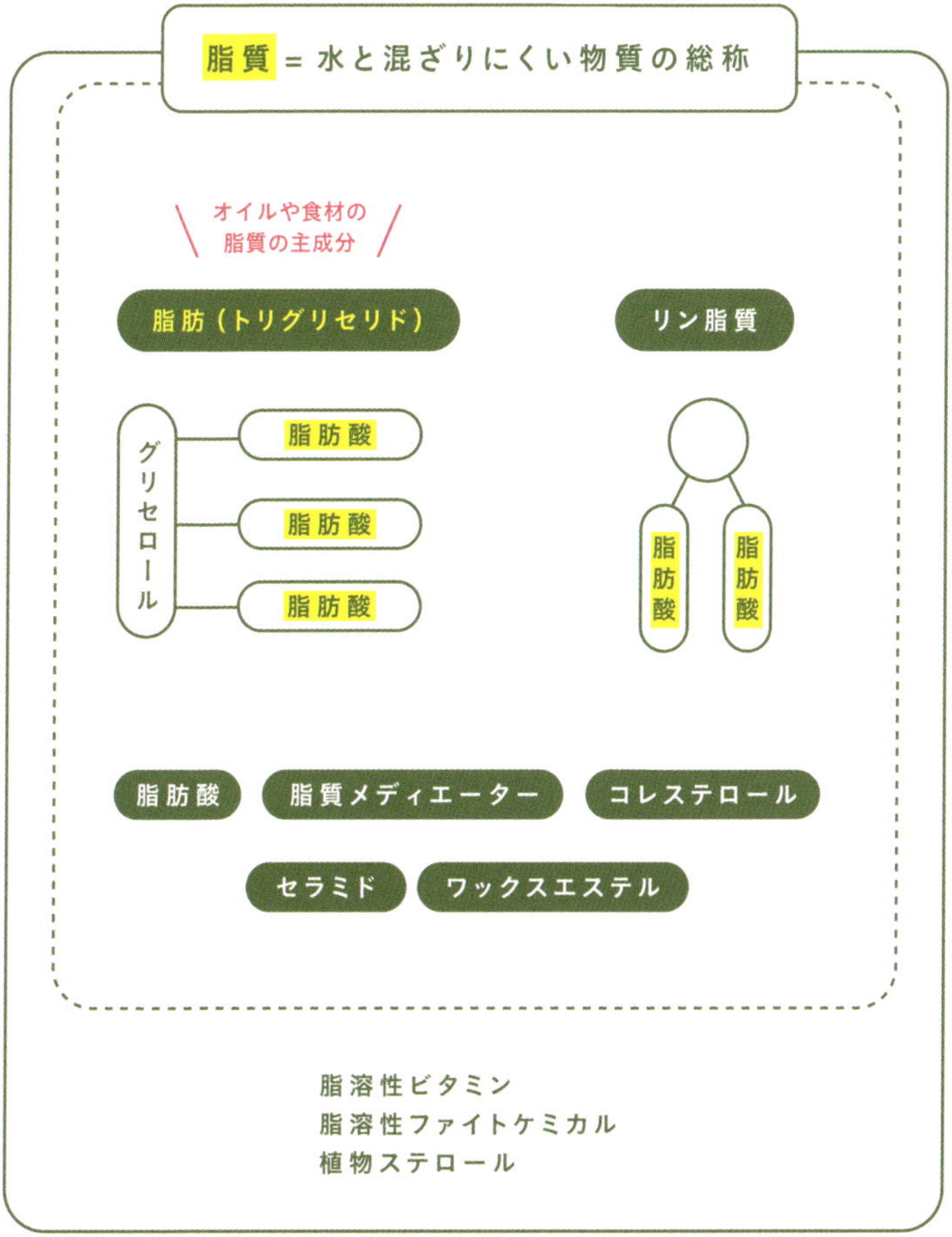
脂質 = 水と混ざりにくい物質の総称
オイルや食材の
脂質の主成分
脂肪（トリグリセリド）
グリセロール
脂肪酸
脂肪酸
脂肪酸
リン脂質
脂肪酸
脂肪酸
脂肪酸
脂質メディエーター
コレステロール
セラミド
ワックスエステル
脂溶性ビタミン
脂溶性ファイトケミカル
植物ステロール

「食べる脂質」と体内脂質の関係

脂質の主な摂取源は、植物オイルやバター、ラードなどの油脂類と、肉や魚、ナッツや乳製品などの食材で、これらの脂質の9割以上が脂肪（トリグリセリド）です。その主成分は脂肪酸です。

脂肪酸はとてもたくさんの種類がありますが、食事で摂る代表的な脂肪酸は20種類ほど。脂肪酸はほんの少し分子構造が違うだけで、働きが異なります。

食事で摂った脂肪酸は、消化・吸収されて、エネルギー源となったり、再度トリグリセリド（脂肪）となって貯蔵されたり、リン脂質となって細胞膜を作ったり、脂質メディエーターとなって、体を調整したりしています。エネルギー源や細胞膜、脂質メディエーターには、食べた脂肪酸が材料として使われます。

オイルや食材の特徴は、どんな脂肪酸を含むかによって決まり、どんな脂肪酸を摂取するかによって、私たちの体と心の状態も変わります。普段の「食べる脂質」に注目してみましょう。

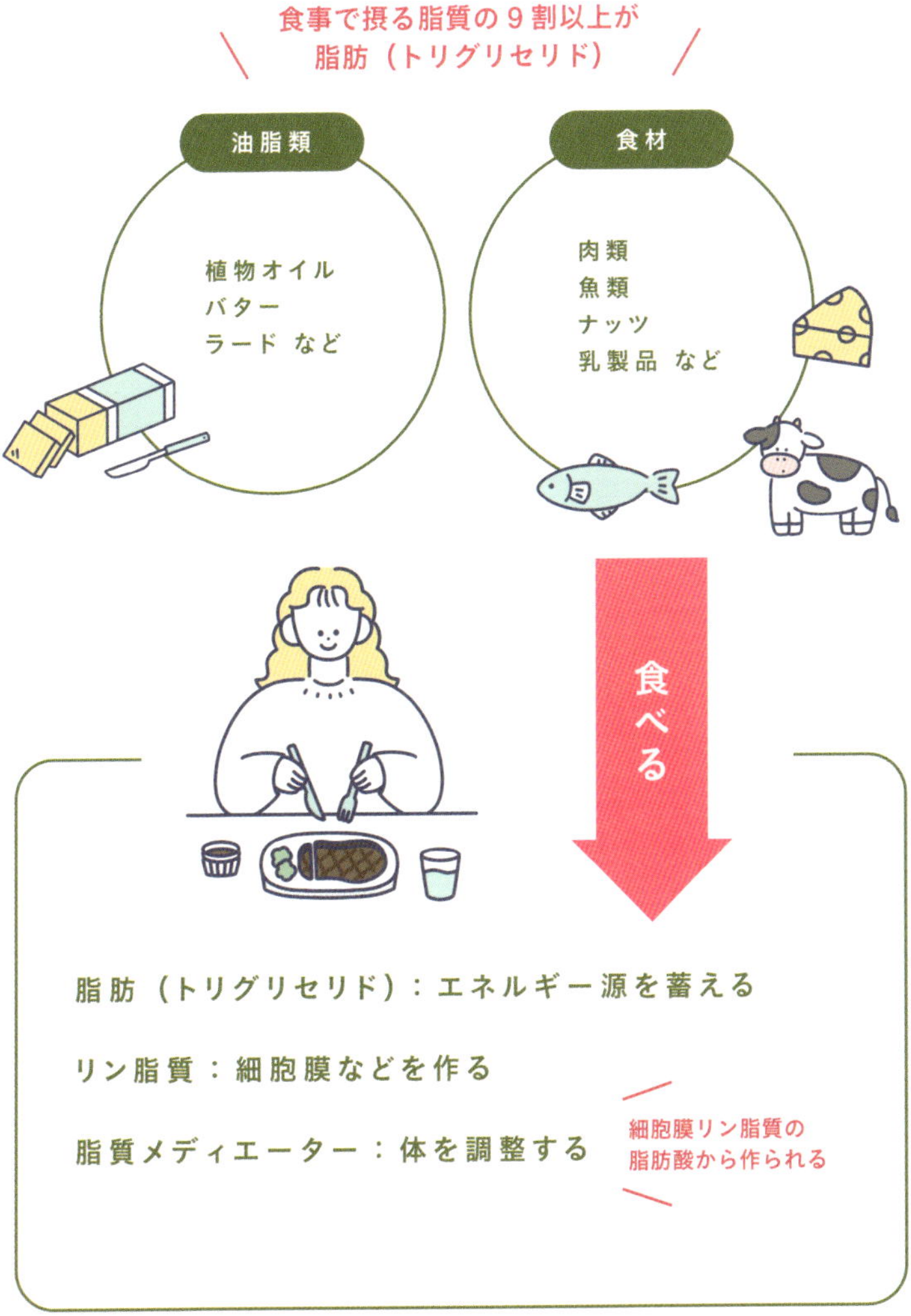
食事で摂る脂質の９割以上が
脂肪（トリグリセリド）
油脂類
植物オイル
バター
ラード など
食材
肉類
魚類
ナッツ
乳製品 など
食べる
脂肪（トリグリセリド）：エネルギー源を蓄える
リン脂質：細胞膜などを作る
脂質メディエーター：体を調整する
細胞膜リン脂質の
脂肪酸から作られる

脂質の主な4つの働き

食べた脂質は小腸で分解・吸収されて、全身に運ばれていき、それぞれの場所で、さまざまな形に姿を変えて働いています。

脂質の代表的な働きは大きく4つあります。車で例えると、ガソリンのようにエネルギー源となったり、家ならば、建物に使われる材木のように細胞膜を作る材料となったりします。また、細胞から細胞へメッセージを伝えたり、バリアとなって外敵から体を守ったりしています。

この4つの働きが正しく機能することで、私たちは体内の状態を一定に保ち、安定させて恒常性を維持することができるのです。

体の
エネルギー源になる

話す、運動する、食べるなどの活動はもちろん、消化や代謝、呼吸にもエネルギーが必要です。3大栄養素のうち、糖質やタンパク質は1gあたり4kcalのエネルギーを生みますが、脂質は1gあたり9kcalと、倍以上のエネルギーを生む、最も効率的なエネルギー源です。

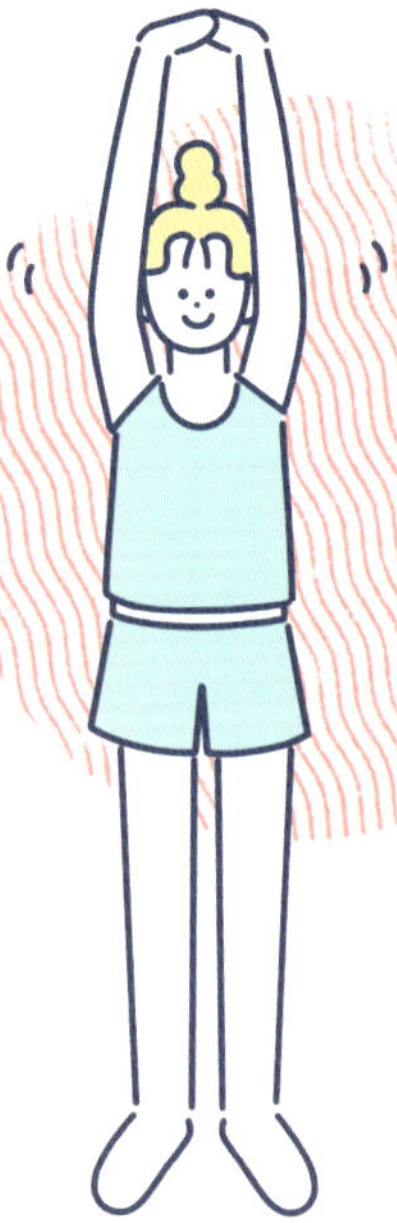

体を作る

私たちの体を作る約37兆個の細胞の膜は、リン脂質でできています。リン脂質は、脂肪酸を材料に作られるので、どんな脂肪酸を摂るかで、細胞膜の状態が変わります。
質のよい脂質をバランスよく摂れば細胞膜や細胞が整い、質のよい臓器や肌を作ります。

リン脂質

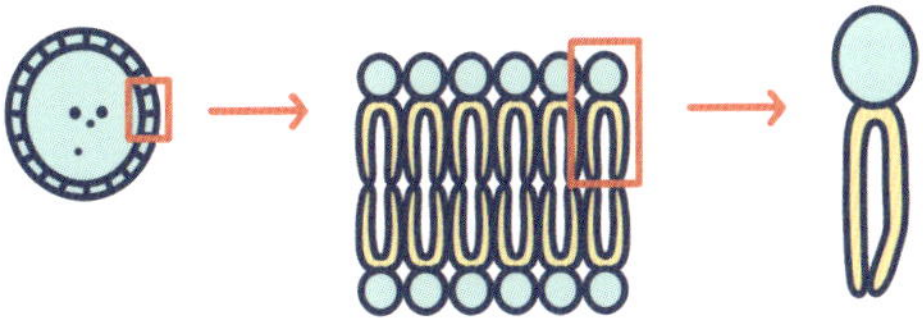

体を守る

肌には、細菌やウイルス、アレルゲンなどの異物の混入や体内の水分の蒸発を防ぐバリア機能が備わっています。バリア機能で重要な役割を担うのが、セラミドを中心とした角質層の細胞間脂質と、肌の表面を覆う皮脂膜という脂質です。

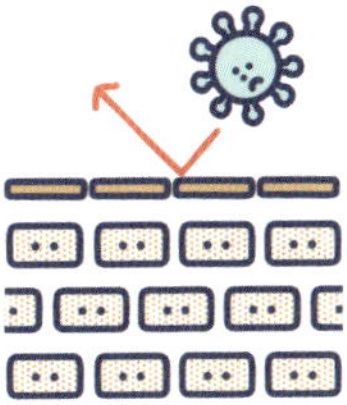

細胞間脂質・皮脂膜

体を整える

一部の脂肪酸は、体内で違う形に変換されて、細胞同士のコミュニケーションツールの役割を果たします。それを担うのが脂質メディエーターで、血管や血液の状態の調整、炎症のコントロール、免疫の制御などをしながら、体の状態を整えています。

脂質メディエーター

体にさまざまな影響を与える脂質

脂質はカロリーが高く、嫌われがちなイメージです。しかし、私たちの体のすべての細胞膜を作ったり、細胞同士のコミュニケーションツールの役割を担ったり、外敵から体を守るバリアを作ったりして、全身のさまざまな場所に行き渡り、恒常性を維持しています。

だからこそ、脂質の摂り方に問題があると、体にとって好ましくない影響を与えてしまうことがあります。

例えば、量を摂りすぎてしまうと、中性脂肪が増えて、生活習慣病のリスクが高まります。また、脂肪酸のバランスが崩れると、動脈硬化をはじめとした心血管系の病気につながったり、過剰な炎症や慢性炎症を引き起こしやすくなったりします。

逆に、量を摂らなすぎて必要な脂質が不足すると、脳や心の状態にも影響が出ます。

適切な量と種類を意識して摂ることで、脂質の機能を正常に保つことができれば、さまざまな病気のリスクを低下させ、脳や心を健康に保ち、つややかで美しい肌も作ることができるのです。

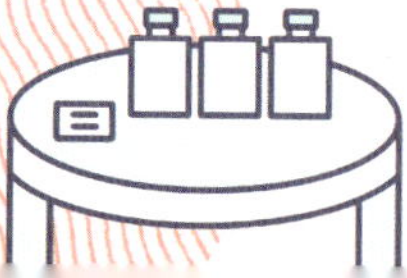

体に行き渡った脂質の さまざまな働き

約37兆個ある細胞ひとつひとつに関わる脂質は、
全身のいろいろな部位で働いています。

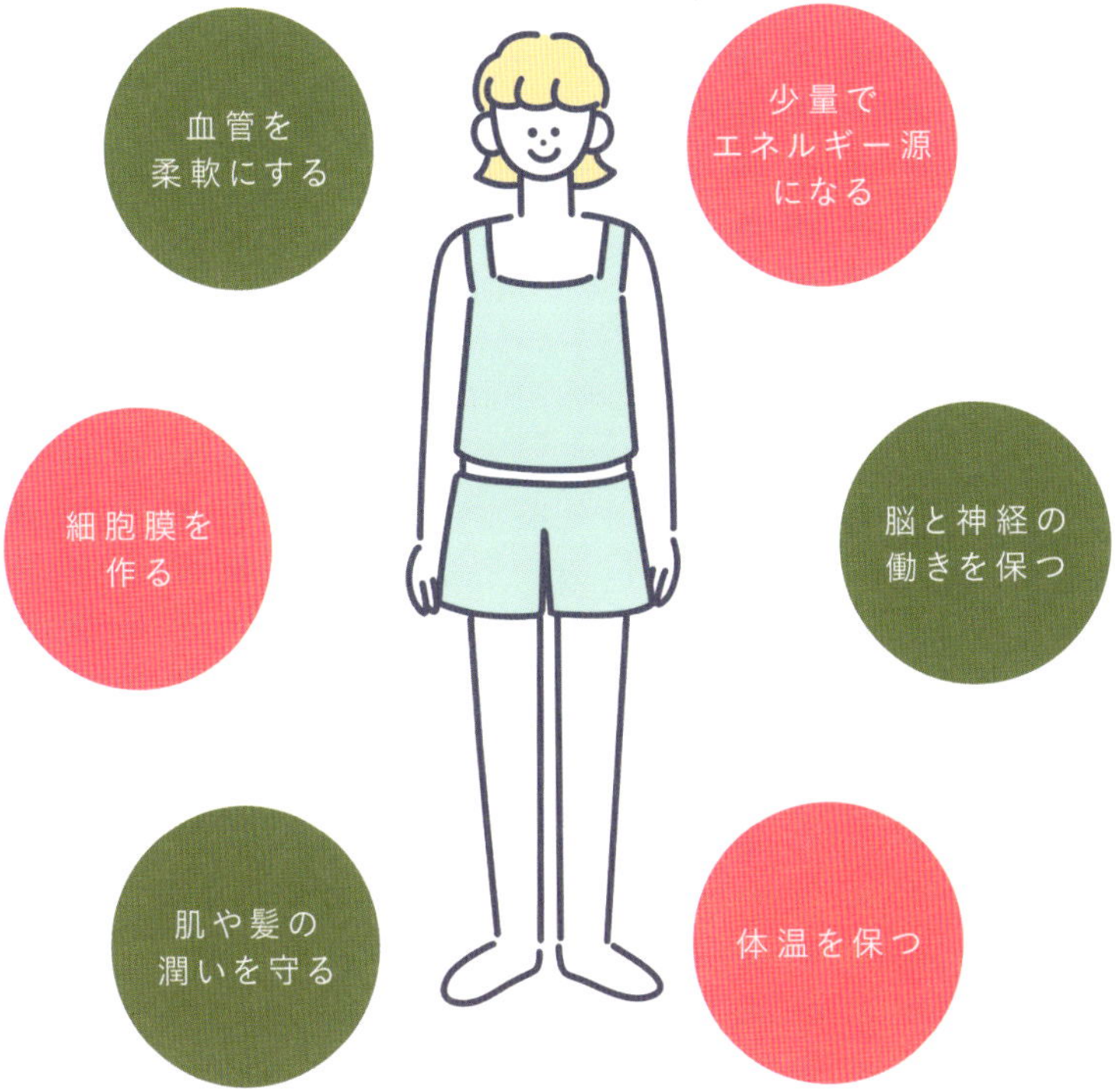

食事を脂質量から考えてみよう

生活習慣病予防や健康を保つための食事摂取基準から算出すると、1日あたりの脂質摂取目標量は男性で約74g、女性で約56g。ですが、食品ごとの脂質量をみると、選ぶものによっては基準量を簡単にオーバーしやすく、現代では多くの人が摂りすぎといわれています。しかも、8割は食材・食品からの脂質です。毎日の調理法や食事の選び方を少し意識して不要な脂質量を減らし、基準量内で、体に必要な脂質を摂ることがポイントです。

1日の脂質摂取目標量は
総エネルギーの20～30%

成人男性
約74g

成人女性
約56g

厚生労働省「日本人の食事摂取基準（2020年版）」に基づいて、成人男性（エネルギー必要量を2,650kcal、脂質を25%で計算した場合）、成人女性（エネルギー必要量を2,000kcal、脂質を25%で計算した場合）それぞれ算出。

脂質

食品中の脂質

たとえば……

朝：クロワッサン
昼：ジェノベーゼ
夜：サーロインステーキ
を食べると合計約93g

品名		脂質含有量（g）	摂取量
パン	食パン	2.5	1枚（60g）
	クロワッサン	13.4	1個（50g）
	バゲット	2.3	60g
パスタ	ミートソース	18.2	1人前
	ジェノベーゼ	39.6	1人前
	和風きのこ	6.9	1人前
丼もの	カツ丼	33.2	1人前
	親子丼	8.3	1人前
	海鮮丼	15.3	1人前
肉料理	サーロインステーキ	40.4	150g
	鶏肉ソテー	41.5	1枚（177g）
菓子類	ショートケーキ	26.5	1カット
	アップルパイ	16.9	1カット
	アイスクリーム	16.3	110g
	ポテトチップ	21.2	1袋（60g）

文部科学省「日本食品標準成分表（八訂）増補2023年」をもとに作成。小数点第二位以下は四捨五入。

＼外食なら／

選び方で脂質を減らす

カツ丼から海鮮丼に変えると、脂質量を減らせるだけでなく、不足しがちなEPAやDHAも摂ることができます。

＼自炊なら／

調理法で減らす

揚げる・炒める調理法から、煮る・蒸す・茹でる調理法に変えるだけで、摂取する脂質の量を減らせる上、高温にならないため脂質の酸化も防げます。

「見える脂質」と「見えない脂質」

脂質の摂り方で重要なのは、量と種類を適正に保つことです。まずは普段の食事で摂っている脂質を見ていきましょう。

P86で「食べる脂質」についてふれましたが、私たちが普段摂っている脂質には、植物オイルやバターなどの「見える脂質」と、肉や魚などの食材や加工食品に含まれる「見えない脂質」があります。そのうち、見える脂質はたったの2割、残り8割は見えない脂質です。無意識に摂りがちな見えない脂質にも目を向けることが大切です。

その上でさらに重要なのが、摂る種類です。オイルも食材の脂質も、さまざまな「脂肪酸」が含まれていますが、脂肪酸はその種類によって、体の中での働きが大きく異なるからです。

体の脂質を整えるには、見える・見えない脂質それぞれを意識すること、さらに、脂肪酸についても知ることが大切です（脂肪酸についてはP96から解説します）。

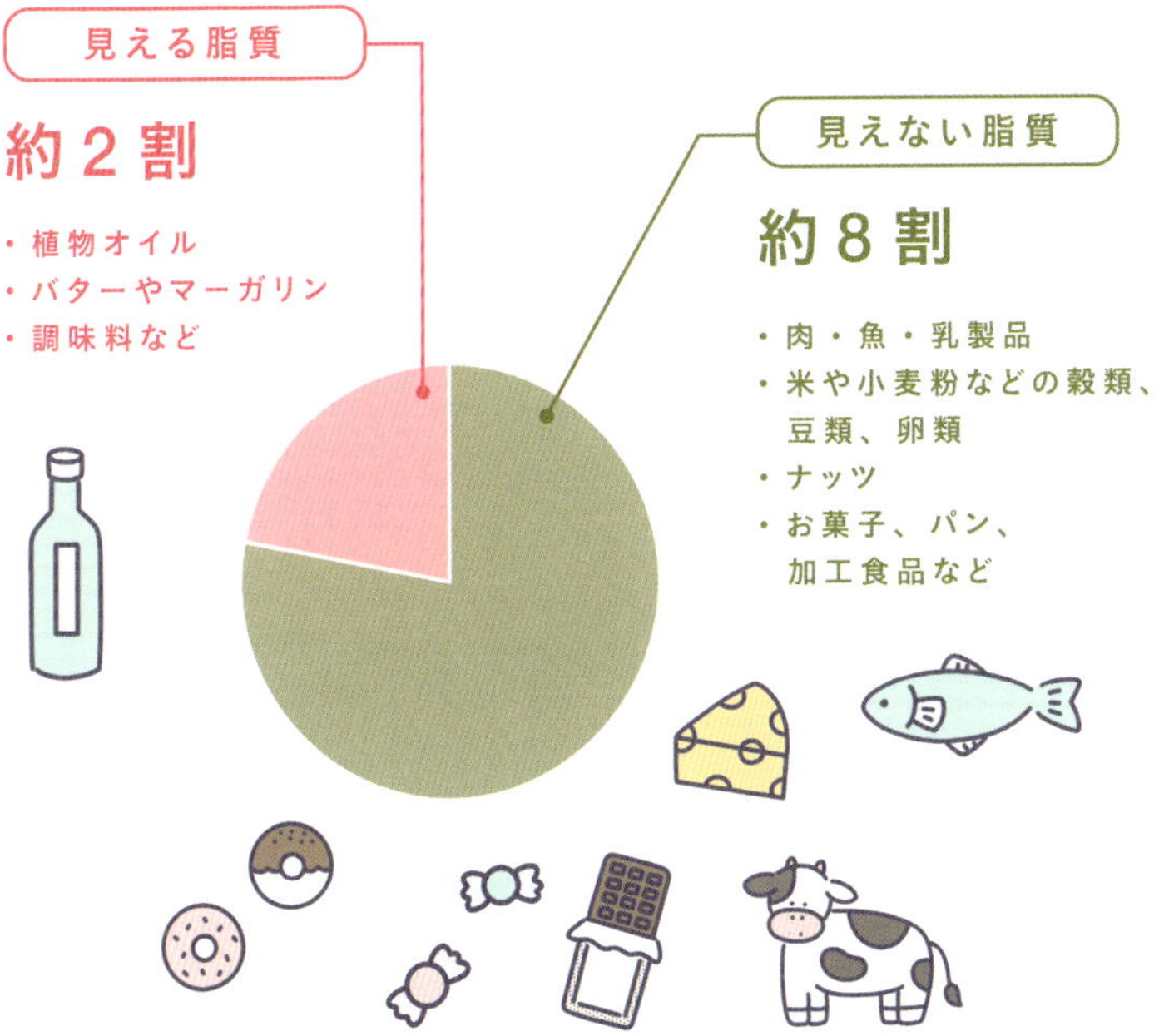

見えない脂質は食材選びで調整しましょう

日本人の脂質摂取量をみると、全体の約8割が見えない脂質から摂取していることがわかります。日常的に摂る食材によって、脂質量はもちろん、脂肪酸の体への作用も変わります。脂質量でいえば、牛肉100g中の脂質量はヒレが15g、バラは50gと、倍以上も違いがあります。脂肪酸の種類では、肉と魚では脂肪酸が異なり、炎症や動脈硬化の起こりやすさや、太りやすさなどの違いも出ます。

厚生労働省 令和4年「国民健康・栄養調査 『結果の概要』」P25
https://www.mhlw.go.jp/content/10900000/001296359.pdf
日本人の1人1日当たりの脂質摂取量の平均値：61.7g

脂肪酸とは

脂肪酸とは、炭素（C）、水素（H）、酸素（O）が鎖のように結合した分子で、エネルギー源になる他、オイルや食材の脂肪、体内の中性脂肪、細胞膜のリン脂質の主成分でもあります。

脂肪酸は構造によって、大きく「飽和脂肪酸」と「不飽和脂肪酸」に分けられ、さらに不飽和脂肪酸は、二重結合が1か所の一価不飽和脂肪酸、2か所以上の多価不飽和脂肪酸に分けられます。多価不飽和脂肪酸は体内で作れない、外から補う必要のある必須脂肪酸です。

脂肪酸は少しの構造の違いで多くの種類があり、飽和脂肪酸は主に炭素の数、不飽和脂肪酸は二重結合の数や位置の違いによって、性質の異なる脂肪酸になります。

脂肪酸の構造の一例

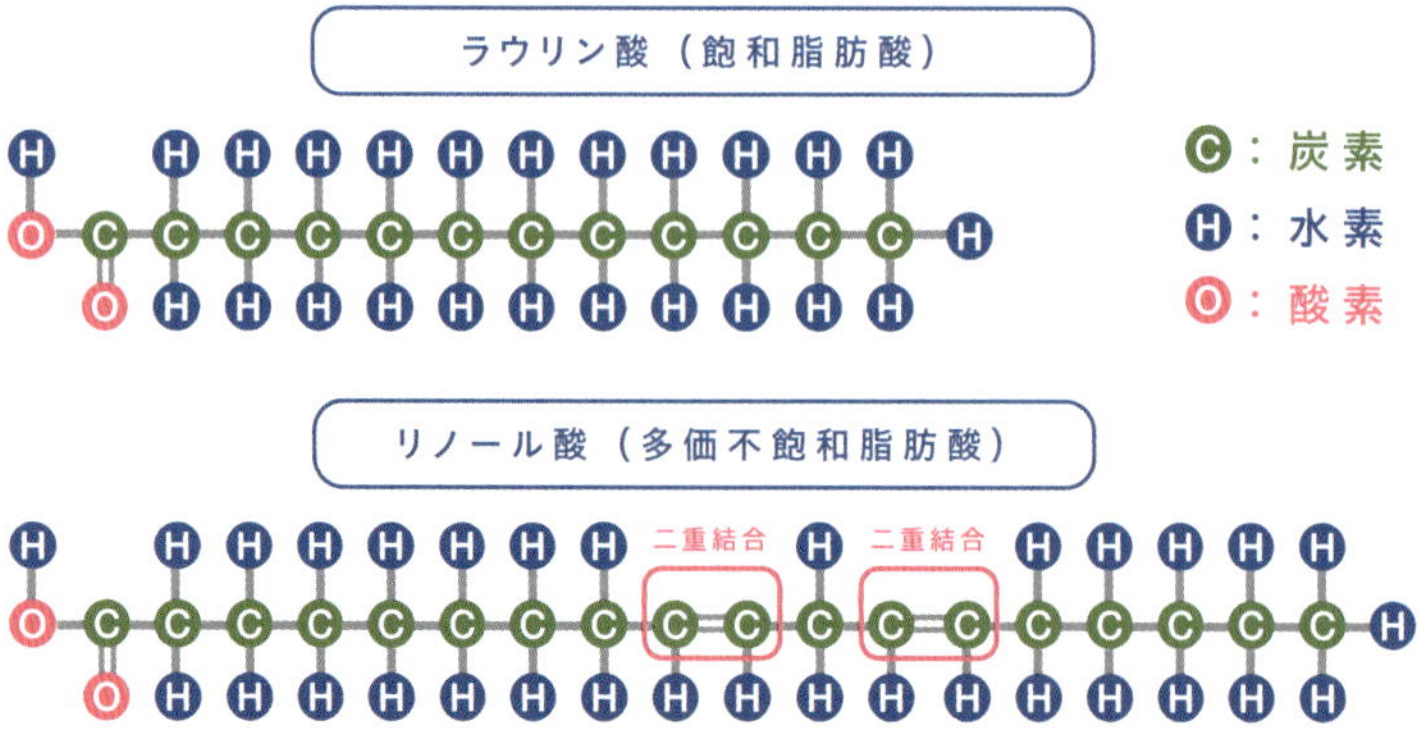

脂肪酸の分類

脂肪酸

飽和脂肪酸

不飽和脂肪酸

長鎖脂肪酸

エネルギーになるが、体に蓄積されやすい

- ミリスチン酸
- パルミチン酸
- ステアリン酸

中鎖脂肪酸

分解・吸収・代謝が早く、エネルギーになりやすい

- カプリル酸
- カプリン酸
- ラウリン酸

短鎖脂肪酸

腸のエネルギーとなる

- 酢酸
- プロピオン酸
- 酪酸

多価不飽和脂肪酸

必須脂肪酸
（体内で作れない）

一価不飽和脂肪酸

オメガ3系脂肪酸

動脈硬化や炎症、アレルギー抑制や脳機能維持などさまざまに働く

- α－リノレン酸
- EPA
- DHA

オメガ6系脂肪酸

免疫反応に重要な働きをするが、摂りすぎると炎症を起こしやすい

- リノール酸
- γ－リノレン酸
- アラキドン酸

オメガ7系脂肪酸

酸化しにくく、炎症を抑える

- パルミトレイン酸

オメガ9系脂肪酸

酸化しにくく、LDLコレステロールを低下させる

- オレイン酸

オイルに含まれている脂肪酸の2つの分類

オイルの主成分である脂肪酸は複数あり、まず大きく2つに分類できます。それが二重結合のない飽和脂肪酸と、二重結合のある不飽和脂肪酸です。その2つの分類ごとに、代表的な脂肪酸の特徴と多く含まれるオイルの一例を紹介します。

飽和脂肪酸

長鎖飽和脂肪酸

エネルギー源や細胞膜の原料となりますが、摂りすぎると中性脂肪やLDLコレステロールが上がりやすくなるので注意が必要です。

多く含まれるオイル

- 肉の脂
- バター
- ラード
- パーム油

摂りすぎに注意

中鎖飽和脂肪酸

消化・吸収が速く、短時間でエネルギーになりやすく、体に溜まりにくい特徴があります。体内で一部がケトン体となり、脳や筋肉などのエネルギーとなる他、炎症を抑える働きもあります。また、抗菌作用もあります。

多く含まれるオイル

- ココナッツオイル
- MCTオイル
- パーム核油

意識して摂りたい

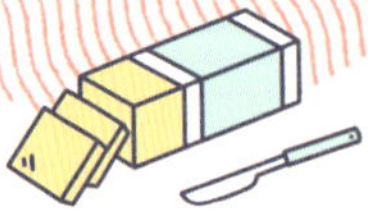

不飽和脂肪酸

オメガ9系脂肪酸

多くの動物・植物オイルに含まれる脂肪酸で、代表的な脂肪酸はオレイン酸です。不飽和脂肪酸の中では、熱に強く酸化しにくい性質を持っているので、加熱調理が可能です。

多く含まれるオイル

- ひまわりオイル
- オリーブオイル
- アーモンドオイル
- アボカドオイル
- アルガンオイル
- 米油　など

適度に摂る

オメガ6系脂肪酸

必須脂肪酸ですが、多くの食品に含まれるため不足することは少なく、逆に過剰に摂取しやすい脂肪酸です。比較的酸化しやすいため、長時間の高温加熱には不向きです。

多く含まれるオイル

- グレープシードオイル
- ヘンプシードオイル
- パンプキンシードオイル
- ごま油
- コーン油
- 大豆油　など

摂りすぎに注意

オメガ3系脂肪酸

魚類や数種の植物オイルなど、摂取源が限られているため、不足しやすい必須脂肪酸です。体内でさまざまな生理機能を発揮しますが、酸化しやすいので、加熱調理には不向きです。

多く含まれるオイル

- チアシードオイル
- えごま油
- 亜麻仁油
- サチャインチオイル
- カメリナオイル
- クリルオイル
- 魚の油　など

意識して摂りたい

代表的な13の脂肪酸

オイルは複数の脂肪酸で構成されています。例えば、亜麻仁油には、α - リノレン酸が 57%、オレイン酸が 15%、リノール酸が 14%、その他の脂肪酸が約 14%含まれます。最も含有量の多いα - リノレン酸がオメガ3系の脂肪酸なので、亜麻仁油はオメガ3系に分類されますが、その他に含まれているオメガ9系のオレイン酸やオメガ6系のリノール酸の性質も含んでいます。

食事で摂る脂肪酸は 20 種類以上ありますが、中でも代表的な 13 種類の脂肪酸の特徴を知ることで、より複合的にオイルを理解できるようになります。

不飽和脂肪酸

オレイン酸（オメガ9）
パルミトレイン酸（オメガ7）
リノール酸（オメガ6）
γ - リノレン酸（オメガ6）
アラキドン酸（オメガ6）
α - リノレン酸（オメガ3）
EPA（オメガ3）
DHA（オメガ3）

飽和脂肪酸

ステアリン酸（C18）
パルミチン酸（C16）
ラウリン酸（C12）
カプリン酸（C10）
カプリル酸（C8）

Cは炭素で（）は鎖長を表す。

長鎖飽和脂肪酸

ステアリン酸

牛脂やカカオバターに多く含まれます。中性脂肪として蓄積されやすく、過剰摂取は動脈硬化を促進するため注意が必要です。

長鎖飽和脂肪酸

パルミチン酸

パーム油やラード、バターなどに多く含まれます。中性脂肪やLDLコレステロールを上げる他、摂りすぎは炎症を促進します。

中鎖飽和脂肪酸

ラウリン酸

※ラウリン酸は長鎖に分類されることもあります。

ココナッツオイルの主成分で、抗菌・抗ウイルス作用があります。この作用を利用して、オイルプリングやニキビのケアにも使われます。

中鎖飽和脂肪酸

カプリン酸

ココナッツオイルやパーム核油に含まれます。吸収・代謝が速く、すみやかにエネルギーになる他、一部がケトン体になります。ケトン体はエネルギー源になる他、炎症や酸化を抑えます。

中鎖飽和脂肪酸

カプリル酸

ココナッツオイルやパーム核油に含まれます。カプリン酸よりも吸収・代謝が速く、ケトン体も産生されやすい特徴があります。抗菌活性が高く、特にカンジダ菌などの真菌に対して強い抗菌作用を持ちます。

一価不飽和脂肪酸

オメガ9

オレイン酸

さまざまな植物オイルや動物性脂肪に含まれます。LDL（悪玉）コレステロールを下げる作用や、腸の蠕動運動を促す作用による便秘解消が期待できます。

一価不飽和脂肪酸

オメガ7

パルミトレイン酸

マカダミアナッツオイルやシーバックソーンオイルに含まれる脂肪酸です。不飽和脂肪酸の中では、酸化しにくい特徴があります。炎症を抑えてインスリン感受性を高める働きや、血圧を下げる働きが報告されています。

多価不飽和脂肪酸

オメガ6

リノール酸

必須脂肪酸の1つで、さまざまな植物オイルや食材に含まれます。コレステロールを一時的に低下させたり、セラミドの原料になったり、腸内細菌によって一部が抗炎症、抗肥満作用のある脂質メディエーターに代謝されたりしますが、過剰摂取はアラキドン酸を増やし、炎症や動脈硬化の促進につながります。

多価不飽和脂肪酸

オメガ6

γ-リノレン酸

ヘンプシードや月見草オイルなど、少数の植物オイルにしか含まれない脂肪酸です。体内で一部がアレルギーやPMSの症状を抑えるジホモ-γ-リノレン酸に代謝されますが、体内環境によってはアラキドン酸への代謝が高まり、逆に炎症を促進する可能性があります。

多価不飽和脂肪酸

オメガ6

アラキドン酸

肉類・魚類に含まれる他、リノール酸から体内で生成されます。炎症や免疫を制御する脂質メディエーターに代謝されて生命活動を支える重要な脂肪酸ですが、増えすぎると過剰な炎症や動脈硬化を引き起こすため注意が必要です。

多価不飽和脂肪酸

オメガ3

α-リノレン酸

必須脂肪酸の1つで、亜麻仁油やえごま油などに含まれます。体内で一部がEPA・DHAになる他、腸内細菌によっても抗炎症・抗糖尿病作用のある脂質メディエーターに変換されます。リノール酸からアラキドン酸への代謝を抑えることによる抗アレルギー・炎症抑制作用も期待できます。

多価不飽和脂肪酸

オメガ3

EPA

魚介類に含まれる脂肪酸で、抗炎症(炎症収束)、抗アレルギー作用のある脂質メディエーターになります。中性脂肪を低下させて動脈硬化やそれに伴う心血管系疾患を予防する働きから、医薬品にもなっています。アラキドン酸と拮抗して恒常性を維持するため、バランスが重要です。

多価不飽和脂肪酸

オメガ3

DHA

主に魚介類に含まれる他、体内でEPAから代謝されます。EPAとともに中性脂肪を下げる医薬品になっている他、脳や神経系、網膜、精巣の機能維持に必須で、不足すると認知機能の低下や精子の形成不全を招くおそれがあります。また、強力な抗炎症・炎症収束、組織修復作用のある脂質メディエーターになります。

同じカロリーでも太りやすさは違う

オイルのカロリーは、1g あたり 9kcal で、オイルの種類にかかわらずすべて同じ（※）ですが、注目したいのは脂肪酸の種類によって、中性脂肪として溜まりやすいオイルと溜まりにくいオイルがあるということです。

それには、脂肪酸の鎖長（炭素の数）と不飽和度が関係しています。鎖長が長い飽和脂肪酸（長鎖飽和脂肪酸）は消費エネルギーが少ないと余ってしまうため、中性脂肪として蓄えられやすくなります。長鎖飽和脂肪酸は、肉やパーム油などに含まれている脂肪酸で、パーム油は加工食品に使われることが多いオイルです。

次に中性脂肪として蓄えられやすいのは、オレイン酸に代表される一価不飽和脂肪酸です。一方、DHA や EPA などの多価不飽和脂肪酸は中性脂肪の合成を抑えて燃焼を促進し、中鎖飽和脂肪酸はエネルギー産生器官であるミトコンドリアを活性化させてエネルギー代謝を高めるため、太りにくい体を作るといわれています。そのため日々の食事で摂っている脂肪酸の種類を見直すことで、痩せやすい体を作ることができます。

※バターのみ水分と微量のタンパク質を含むため、1g あたり 7.2kcal

エネルギー源としての脂質

太りやすい（中性脂肪として蓄積されやすい）

・長鎖飽和脂肪酸
（ステアリン酸、パルミチン酸など）
・一価不飽和脂肪酸
（オレイン酸、パルミトレイン酸など）

・オメガ6脂肪酸（リノール酸）

・オメガ3脂肪酸（α-リノレン酸）

・オメガ3脂肪酸
（EPA・DHA）
・中鎖飽和脂肪酸
（カプリン酸、
カプリル酸など）

痩せやすい体を作る

太りにくい（中性脂肪として蓄積されにくい）

オメガ3と6のバランス

オメガ3系のオイルが健康によいというのは聞いたことがあるかもしれませんが、大事なのは、オメガ3とオメガ6のバランスです。自律神経も、交感神経と副交感神経がお互いにバランスをとってうまく働くことで体を安定させているように、オメガ3と6もバランスをとっています。

例えば、オメガ6のアラキドン酸は炎症を起こしたり、血液を固める脂質メディエーターを作ったりします。一方オメガ3のEPA・DHAは炎症を和らげたり終わらせたり、血液をサラサラにする脂質メディエーターを作ったりして、恒常性を維持しています。

両方の働きがよい状態を保てるのが、オメガ3が1に対して、オメガ6が2〜4の比率です。日常の食生活では多くの食品にオメガ6が含まれることと、オメガ3を多く含む食材が魚や数種の植物オイルに限られるため、オメガ6が過剰になりがちです。

双方のバランスを確認できる脂肪酸検査もあります(P205)。実際にオメガ3が少なくオメガ6が多い人が多く、理想値が1：2〜4に対して、1：30などの場合もあります。この検査は動脈硬化や炎症の指標で、バランスが悪いとリスクが高まるとされています。

まずはオメガ6の摂りすぎに気をつけた上で、オメガ3を意識的に摂ってみましょう。

オメガ3とオメガ6の違い

積極的に
摂りたい

	多価不飽和脂肪酸	
	オメガ3	オメガ6
脂肪酸	α-リノレン酸 EPA DHA	リノール酸 γ-リノレン酸 アラキドン酸
主なオイル	えごま油 亜麻仁油 サチャインチオイル 魚の油 クリルオイル	グレープシードオイル 紅花油 サラダ油 コーン油 大豆油
特徴	・血管を柔軟にする ・炎症を和らげる、終わらせる ・血液をサラサラにする ・アレルギーを抑える ・中性脂肪を下げる	・炎症を引き起こす ・血液を固める ・動脈硬化を促す ・抗体の産生を助けて外敵と戦う体を作る ・熱を上げる

取りすぎ
注意

理想のバランス
1：2～4

肉と魚をバランスよく食べたい理由

「肉と魚をバランスよく食べましょう」といわれますが、それは、それぞれ異なる栄養素を含むためです。

タンパク質やビタミン・ミネラルなどの量も異なりますが、もっとも大きな違いは必須脂肪酸の種類と量で､左の表を見ると一目瞭然です。特に注目したいのが、EPA・DHA とアラキドン酸です。

肉類には EPA・DHA がほとんど含まれないので、肉類ばかり食べていると EPA・DHA が不足します。

一方、アラキドン酸は肉類に含まれるとされていますが、実は魚のほうが多く含まれます。アラキドン酸が過剰だと動脈硬化や炎症が起こりやすくなると解説してきたので、魚も炎症を起こすのでは？と思われるかもしれませんが、アラキドン酸と EPA は比率が重要で、魚はアラキドン酸以上に EPA・DHA を豊富に含むため、体内でアラキドン酸だけが過剰になることはありません。

肉と魚をバランスよく食べることで、自然と体の中の脂肪酸バランスも整ってきます。

肉類・魚類の必須脂肪酸バランス

mg/100g 中

		オメガ3			オメガ6			オメガ3：オメガ6の比率
		α-リノレン酸	EPA	DHA	リノール酸	γ-リノレン酸	アラキドン酸	
肉	和牛（サーロイン）	54	0	0	1000	0	16	1：18.8
	豚（ロース）	83	0	10	1900	0	56	1：21.0
	鶏（もも）	73	1	7	1600	0	79	1：20.7
魚	真アジ	18	300	570	31	4	61	1：0.1
	銀ザケ	480	310	890	1500	0	60	1：0.9
	サバ	76	690	970	140	18	180	1：0.2
	ブリ	97	940	1700	190	0	160	1：0.1
	本マグロ（とろ）	210	1400	3200	340	0	170	1：0.1

文部科学省「日本食品標準成分表（八訂）増補 2023 年版」をもとに作成。

肉類にはリノール酸が多いのも特徴です。リノール酸は体内で一部がアラキドン酸に変わるので、間接的に体内のアラキドン酸を増やすことにつながります。

植物オイルの作られ方

オイルには植物オイルと動物オイルがあり、動物オイルはバターやラードなどです。

植物オイルのほとんどは種または種をふくむ実、種の外皮などから作られます。植物は、種から発芽して葉を作って光合成できるようになるまでは、種に蓄えたエネルギー源を使って生きるので、エネルギー効率のよい脂質をたくさん貯蔵しています。さらに、紫外線による酸化から脂質を守るためのビタミンEやファイトケミカル、代謝に必要なミネラルなども一緒に溜め込んで、命である種を守っているのです。それを搾ったオイルは、まさに植物の命の凝縮といえる貴重なものです。

植物オイルの主な製造方法は主に2つ。原料をそのまま搾る圧搾法と、溶剤を使って抽出する溶剤抽出法です。

溶剤抽出法

溶剤を使用して抽出した後、脱色、脱臭をするため、植物独特の風味が消えて、食べやすくなる特徴があります。大量生産できるため、安価なものが多いです。

圧搾法

原料に圧をかけるシンプルな方法で、搾油率が低いことから、溶剤抽出法に比べてやや高価。植物本来の栄養素が残りやすいメリットがあります。ラベルに圧搾法やコールドプレス（低温圧搾）などと書いてあるのが目印になります。

1 原料を収穫

植物オイルが摂れる部位は植物によって異なりますが、下の写真のえごまは種を収穫します。

2 原料を集める

種や果肉などの原料はどれも小さく、例えば100mlのオイルを搾るのに約12万粒もの種が必要だといわれています。

3 オイルを抽出する

圧搾機を使い、種を搾ってオイルを抽出します。オイルによっては、原料を低温で焙煎してから搾ります。焙煎により、風味が増したり、酵素の活性が抑えられたりして酸化しにくいオイルになります。

4 オイルを仕上げる

搾った後は不純物などを取り除きます。この工程で、精製すればするほど、クセのないオイルとなりますが、微量栄養素は失われます。

写真協力：有限会社モリシゲ物産

植物オイルの脂肪酸以外の栄養素

植物オイルの原料にはさまざまな栄養素が含まれますが、オイルに移行するのは脂溶性のビタミンやファイトケミカル、植物ステロールなどだけです。これらは微量ですが、オイルごとの特徴に大きく影響します。

例えば、ごま油と米油は脂肪酸の組成は似ていますが、脂肪酸以外の成分により風味や特徴が異なります。ごま油には、脂溶性ファイトケミカルのゴマリグナンという、肝臓に働く成分が含まれます。また、米油にはスーパービタミンＥとも呼ばれる、抗酸化力の高いトコトリエノールや、中性脂肪を下げる作用のあるファイトケミカルのγ-オリザノールが含まれます。

微量成分の種類によっては、精製の過程で失われやすく、溶剤抽出で精製度の高いオイルにはほとんど含まれません。圧搾法のオイルは精製度が低いものが多く、微量栄養素の作用も期待できます。

植物ステロール

コレステロールの吸収を抑えLDL（悪玉）コレステロール値を下げる働きがあります。

脂溶性ビタミン

植物オイルに含まれる脂溶性ビタミンは主にビタミンEとKの2種類です。ビタミンEは細胞や組織の酸化の抑制、免疫機能の強化や血行促進など多岐にわたる作用が期待できます。ビタミンKは主に、血液を固める作用と骨を丈夫にする作用があります。

脂溶性ファイトケミカル

植物ごとに含まれるファイトケミカルは異なり、それぞれ微量ながら強力な作用を持つことで注目されています。医薬品やサプリメントにもなっている成分もあります。

代表的なもの

成分	作用	含有するオイル
γ-オリザノール	中性脂肪低下 自律神経安定	米油
オレオカンタール	抗炎症・抗腫瘍 動脈硬化抑制	エクストラバージン オリーブオイル
ゴマリグナン（セサミン、セサモリンなど）	肝臓機能向上 LDL（悪玉）コレステロール低下 脂質代謝促進	ごま油
ルテオリン	抗アレルギー 尿酸値低下	えごま油
ロスマリン酸	抗アルツハイマー 抗糖尿病	
亜麻リグナン（セコイソラリシレシノールなど）	エストロゲン様 抗腫瘍 LDL（悪玉）コレステロール低下	亜麻仁油
カロフィロリード	抗炎症・抗酸化・抗腫瘍 創傷治癒	タマヌオイル
チモキノン	抗炎症・抗酸化・抗腫瘍	ブラッククミンシードオイル

オイル生活の基本STEP

オイルを日々の暮らしに取り入れるために知っておきたい、３つの基本ステップを紹介します。購入するときにチェックしておきたいポイントや、酸化させずに使い切るコツなどをふまえて、もっと気軽に、楽しいオイル生活を始めてみましょう。

STEP 1
買う

パッケージや陳列をチェックして買いましょう

オイルは光・酸素・熱で酸化します。植物オイルを選ぶ際は、遮光瓶やスチール缶のものを選ぶようにしましょう。また、直射日光を避けて陳列されているかも確認を。オメガ３系のオイルは特に酸化に弱いため、新鮮なうちに使い切れる小さめのボトルがおすすめです。

買うときのチェックポイント

☑遮光容器に入っているか
☑直射日光の当たらない場所に陳列してあるか

※ココナッツオイルは酸化しにくいので透明瓶でもよいでしょう。

STEP 2 使う

酸化したオイルの見分け方

- 加熱時に、泡や煙が出る
- 開封したときよりも、
  粘度が高くドロッと重い状態
- 酸化したにおいがする
- オイルの色が変わる

繰り返しの高温調理や、開封後に長期間常温で放置すると起こる場合があります。酸化していると感じたら使用を控えましょう。

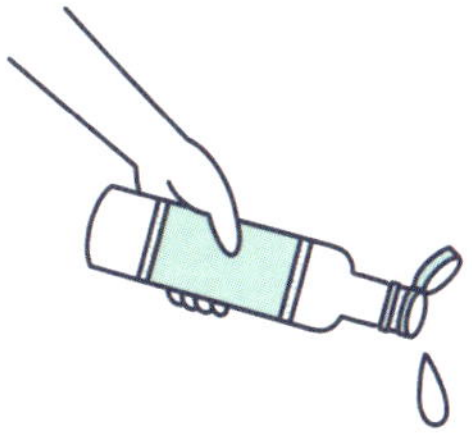

酸化を防ぎ、新鮮なうちに使い切りましょう

オイルの酸化を防ぐため開封後、酸化しやすいオメガ3脂肪酸を含むオイルは冷蔵庫に、それ以外のオイルは直射日光の当たらない冷暗所で保存しましょう。

STEP 3 捨てる

オイルを残さず、空にしてから捨てましょう

瓶に入ったオイルが少量残っている場合は、キッチンペーパーなどで吸わせてから、洗剤水で洗って、ゴミに出しましょう。また、揚げ物のオイルは、新聞紙などに吸わせて可燃ゴミに出します。

忙しくても取り入れやすいオイルの使い方

オイルの持つ栄養素を健康や美容に活かすには、できる限り日常的に良質なオイルを摂る意識が大切です。そこで、いつもの食生活にプラスできるアイデアを紹介します。これらは、「見える脂質」としての使い方です(P94)。あわせて、加工食品などに含まれる「見えない脂質」を意識し、不要な脂質を減らしていく工夫も大切です。

いつもの料理に足す

味付けにオイルを足すと、味のバリエーションが広がります。オリーブオイルやアーモンドオイルなら洋風に、ごま油やカメリナオイルなら中華風の味わいになります。パプリカやにんじんなどの緑黄色野菜にオイルを加えると、野菜に含まれるβ-カロテン、リコピンなど脂溶性の栄養素の吸収率がアップします。

〈例〉

- おひたしや和えもの
- 味噌汁
- 魚のホイル蒸し
- サラダ
- 温野菜

オメガ3系オイルに含まれる脂肪酸は、魚には含まれていますが、日常的に摂りたい脂肪酸です。魚を食べない日は、亜麻仁油やえごま油などオメガ3系オイルを食事にプラスしましょう。

調理で使う

酸化しにくいココナッツオイルや米油、ごま油は加熱調理にも使いやすいです。素材の風味を活かしたいときは無香のココナッツオイルや米油、コクや風味を楽しみたいときはごま油がおすすめです。

〈例〉
- 野菜炒め
- カレー
- コロッケ
- 天ぷら

スイーツに使う

マカダミアナッツオイルなどのナッツ系オイルやオリーブオイルを、スイーツにほんの少し加えると、風味の変化を楽しめます。焼き菓子に、バターの代わりにナッツ系オイルやココナッツオイルを使うのもおすすめです。

〈例〉
- ヨーグルト
- アイスクリーム
- パンケーキ
- 焼きりんご

スープやドリンクに加える

食欲がわかないときや疲れを感じるときには、MCTオイルをスープやドリンクに加えてみましょう。MCTオイルは吸収が早く、体のエネルギー源になってくれます。

〈例〉
- 野菜ジュース
- コーヒー
- スムージー
- 豆乳
- かぼちゃのスープ

オイルの原料はスーパーフード

えごまやヘンプシード、ナッツなど、オイルの原料をそのまま食べることでも、良質な脂質が摂れます。これらの原料は、オイルを搾る前なので水溶性のビタミンやミネラルなどの栄養素も残されています。オイルは、種類によっては多価不飽和脂肪酸をたくさん含むものが多く、酸化しやすいのですが、原料のままだと脂質が酸化せずに保たれているので、より質のよい脂質を摂ることができます。

アルツハイマー予防で注目されている抗炎症・抗酸化成分のロスマリン酸を含みます。焙煎すると香ばしく、プチプチした食感で、そのまま食べてもおいしいですが、すり鉢などですると栄養素を吸収しやすくなります。ごまのようにさまざまな料理に使えます。

Chiaseed チアシード

チアという植物の種で、食物繊維が豊富です。水につけてゼリー状にして食べることが多いですが、外皮が硬く吸収しにくいので、吸収を高めるにはすってから使いましょう。とろっとした食感を活かして、ドレッシングやスイーツなどに使えます。

ヘンプシード Hempseed

ヘンプシード（麻の実）は、必須アミノ酸をバランスよく含んでいるのが特徴です。市販品は、外皮を取って食べやすい状態にしてあるので、そのまま料理や調味料などに加えて食べることができます。

ナッツ類 Nuts

アーモンドやマカダミアナッツなど多くの種類があり、含まれる脂肪酸も栄養素も異なるので、数種類食べることで栄養バランスがよくなります。脂質を多く含むため、間食に摂るなら片手ひとにぎり分が適量です。

Sesame ごま

抗酸化作用や肝機能をサポートする働きのゴマリグナンや、カルシウム、亜鉛、鉄分を多く含む他、黒胡麻には抗酸化成分のアントシアニンも豊富です。他の種実類と同様に、すると吸収がよくなります。

オイルがスキンケアにおすすめの理由

皮脂というと油っぽくてニキビの原因になりそうと思われがちですが、実は肌を守る大切な働きをしています。私たちの肌は皮脂膜におおわれ、体内の水分の蒸発を防ぎ、外からの刺激からも守られています。肌荒れや乾燥などのトラブルは、皮脂膜を作る皮脂の分泌が少なくなっているサインです。それをカバーしてくれるのが、皮脂膜をサポートしてくれるオイルです。オイルが複数の脂肪酸から構成されているのと同様に、皮脂も複数の脂質で構成されています。皮脂成分と同じ脂質を含むオイルを肌につけることによって、皮脂膜が整い、肌のバリア機能が強化されていきます。

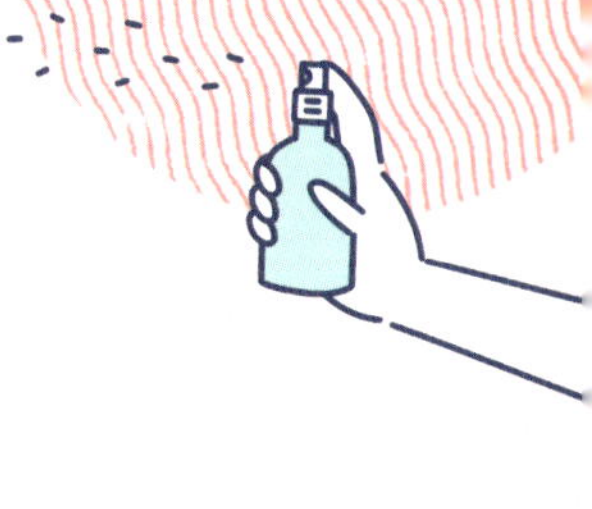

肌を守る脂質

皮脂膜や表皮のバリア機能が低下すると、異物や紫外線によるダメージを受けやすくなります。

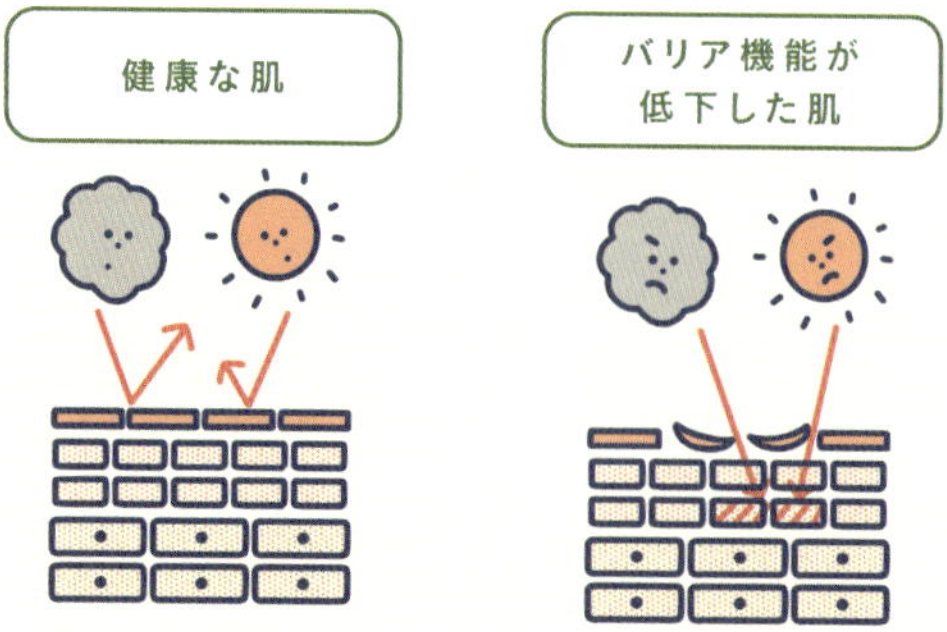

皮脂膜をサポートする成分とオイル

皮脂成分			多く含むオイル
トリグリセリド ジグリセリド モノグリセリド 遊離脂肪酸 （皮脂全体の約60％）	飽和脂肪酸	ステアリン酸 （4～11％）	タマヌオイル
		パルミチン酸 （20～25％）	シーバックソーンオイル 馬油
		ミリスチン酸 （3～7％）	ココナッツオイル パーム油
		ラウリン酸 （1～4％）	ココナッツオイル パーム核油
	不飽和脂肪酸	オレイン酸 （15～48％）	椿油、オリーブオイル、アルガンオイル、マカダミアナッツオイル、アボカドオイル、米油
		パルミトレイン酸 （9～21％）	シーバックソーンオイル、マカダミアナッツオイル、馬油
		リノール酸 （5～11％）	グレープシードオイル、ローズヒップオイル、ラズベリーシードオイル、ヘンプシードオイル、ごま油
ワックスエステル （皮脂全体の約22～25％）			ホホバオイル

オイル1～3種類＋ホホバオイル

皮脂の主成分はトリグリセリド、ワックスエステル、スクワレンです。一般的なトリグリセリドオイルにワックスエステルが主成分のホホバオイルを加えることで、より皮脂の組成に近いオイルになります。

Picardo, M., Ottaviani, M., Camera, E., & Mastrofrancesco, A.（2009）. "Sebaceous gland lipids." Dermato-Endocrinology, 1（2）, 68-71.

オイルごとの肌への働き一覧

グレープシードオイル	リノール酸が多く含まれ、保湿力が高いもののテクスチャーが軽め。全身のトリートメントにも向いています。
ヘンプシードオイル	リノール酸に加えて、希少なγ-リノレン酸を含みます。肌のバリア機能を高める働きがあります。
シーバックソーンオイル	パルミトレイン酸を多く含み、ビタミンEやβ-カロテンも含むため、加齢に伴うしわやたるみ予防が期待できます。
ブラッククミンシードオイル	強力な抗炎症物質であるチモキノンを含むため、皮膚の炎症を抑えたり傷を治したりする働きがあります。
ラズベリーシードオイル	β-カロテンや、抗酸化力の高い多種類のファイトケミカルを含み、肌に対して抗酸化作用が期待できます。
椿油	酸化しにくく保湿力の高いオレイン酸を豊富に含むため、乾燥肌ケアに適していますが、過剰なオレイン酸はアクネ菌を増殖させるのでニキビ肌には不向きです。
ローズヒップオイル	リノール酸による保湿作用や、豊富に含まれる多種類のファイトケミカルによる抗炎症・抗酸化作用が期待できます。
ごま油	オレイン酸とリノール酸をバランスよく含み、保湿力があります。抗酸化力の高いリグナン類による抗酸化作用も期待できます。
ひまわりオイル	保湿力のあるオレイン酸を含むため乾燥肌向きですが、毛穴詰まりやアクネ菌増殖の原因となるので、使う量には注意が必要です。

オリーブオイル

オレイン酸に加え、皮脂の成分であるスクワレンを微量含むため保湿力が高いですが、毛穴詰まりしやすいのでニキビ肌には不向き。

菜種油

オレイン酸のほかリノール酸も含むため、保湿作用に加えて皮膚の新陳代謝を整える作用も期待できます。

アルガンオイル

オレイン酸とリノール酸の保湿作用に加え、豊富なビタミンEとファイトケミカルによって、血行をよくし、肌を柔軟に保ちます。

馬油

脂肪酸組成が人の皮脂に似ているため、肌になじみやすく、パルミトレイン酸による肌老化の予防が期待できます。

スクワランオイル

毛穴詰まりしにくく、サラッとしたテクスチャーで、肌への刺激も少ないので敏感肌の人も使いやすいです。

アーモンドオイル

オレイン酸とリノール酸の両方を含み、保湿力が高く、重くないテクスチャーなので全身にも使いやすいです。

茶実オイル

植物オイルでは珍しくコエンザイムQ10を含み、酸化抑制やコラーゲン産生促進作用が期待できます。

米油

保湿力が高く、強力な抗酸化・抗炎症作用のあるトコトリエノールとγ-オリザノールによって肌を炎症や酸化から守ります。

ココナッツオイル

ラウリン酸にアクネ菌の増殖を抑えたり、皮脂の過剰分泌を抑制する働きがあるため、ニキビ肌に向いています。

アボカドオイル

保湿力の高いオレイン酸のほか、ビタミンEとβ-シトステロールが豊富なので、肌を酸化や炎症から守ります。

マカダミアナッツオイル

30代から減少する皮脂成分パルミトレイン酸を含み、肌の老化抑制作用が期待できます。

タマヌオイル

天然の抗生物質と呼ばれるカロフィロリードを含み、皮膚疾患の治療薬や抗菌などに使われています。

ホホバオイル

肌の皮脂成分と同じワックスエステルが主成分で、酸化しにくく、保湿や皮膚バリア機能の強化が期待できます。

COLUMN

オイルにまつわる歴史

古くから、オイルは日本を含む世界中の各地域で暮らしに寄り添ってきました。その用途は、民間療法や灯りなどから、古代エジプトではミイラの保存のためとさまざまです。諸説ありますが、紀元前からエジプトで、オリーブオイルの原料であるオリーブが栽培され、ヨーロッパ各地に伝わっていたようです。

日本では、縄文時代からえごまが栽培されていたようです。最も古い日本の史記の1つである「古事記」には、ハシバミの実からオイルを採るという記述があり、当時から植物の実からオイルを搾っていたことがわかっています。ハシバミは別名、和製ヘーゼルナッツとも呼ばれ、硬い殻におおわれているナッツです。当時は、主に神社やお寺、貴族の邸宅の灯り用に使われていました。

オイルが調理に使われたのは奈良時代といわれています。仏教の伝来とともに、中国から油で揚げる調理法が伝わってきました。寺院での精進料理には揚げ物が登場し、野菜だけでは不足する脂肪分を補っていたそうです。そして、平安時代に作られた物語「宇津保物語」によると、「うごま（えごま）は油にしぼりて売るに 多くの銭いでて その滓 みそしろにつかふによし」とあり、えごま油の搾りかすをみそ作りに使った様子が書かれています。

その後、貞観元年に、京都に離宮八幡宮が創建されました。ここはえごま油発祥の地で、江戸時代まで油座の中心地として栄えたことから、今でも油の神様として親しまれています。油座とは、えごま油を中心に、油脂の製造と販売をしていた商人の座です。当時の神社の神官が、長木（ちょうぎ・ながき）と呼ばれる、てこの原理を応用して油を搾れる搾油器を発明したことがきっかけです。この後、オイルの需要が増え、江戸時代のはじめごろに、大量生産できる菜種油が広まりました。これまでは一部の人にしか手に届かない高級品だった油が、徐々に国民の手に渡り、食卓でも使われるようになって今に至ります。

油を断つことは大敵につながるという意味合いがこめられたお守り。

油発祥の地・京都の離宮八幡宮

当時の搾油道具を再現したもの。この発明によって、大量にえごま油が搾れるようになった。

油発祥の地として、油祖と呼ばれる境内にある像。

Flaxseed oil

PART
3

あれこれ選びたいオイルカタログ30

食用でも美容でも、
健康によいオイルの摂り方は、人それぞれ。
自分に合ったオイル選びが、何より大切です。
オイルの風味や味は、ものによって変わります。
PART3では比較的手に入りやすい
30種のオイルについて、
特徴や使い方を紹介します。

オイルを知って楽しむ

- 30種類のカテゴリー別オイル
- おすすめオイル商品

オイルカタログの見方

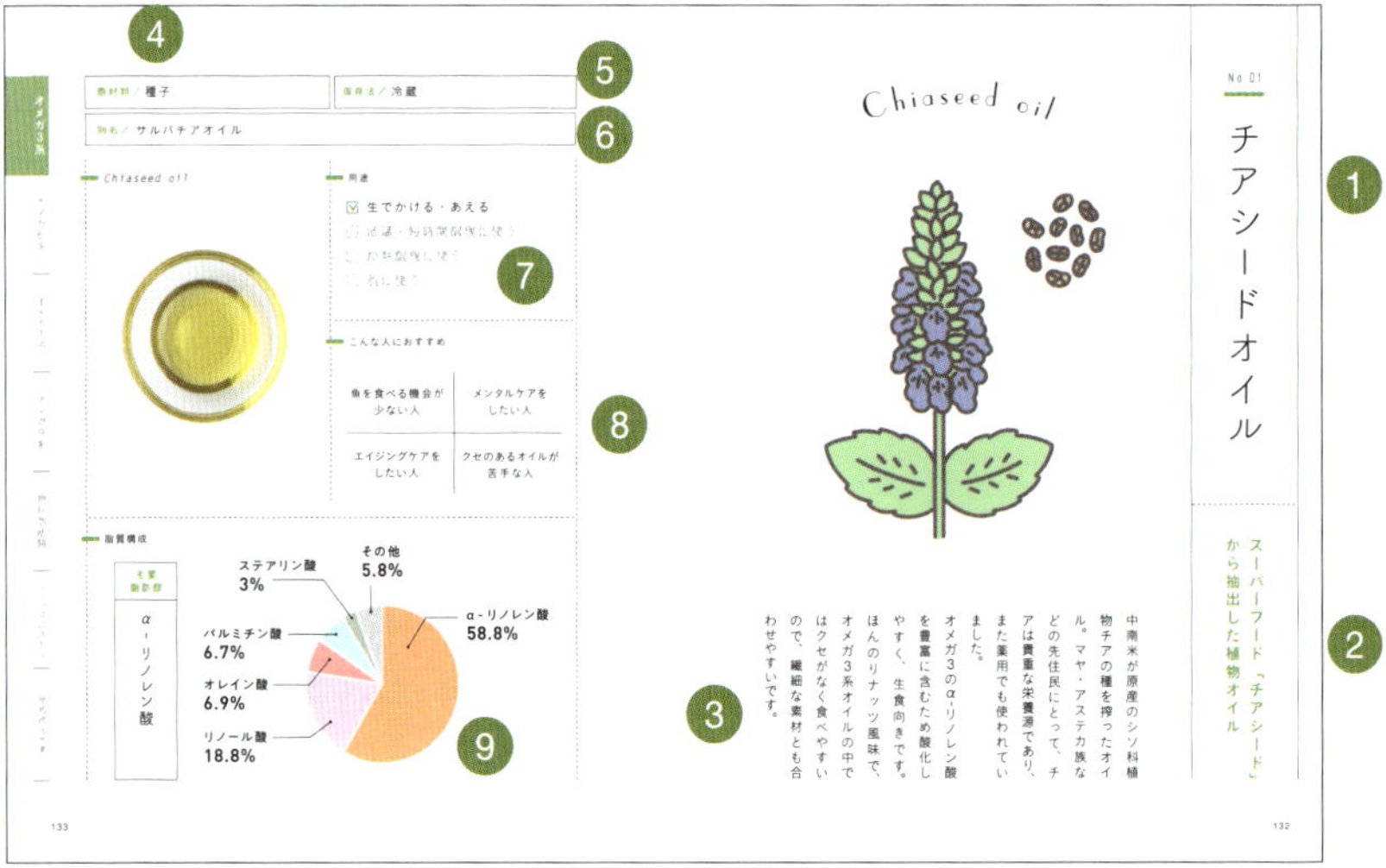

1. オイルの名前
2. オイルの特徴
3. オイルの紹介文
4. 原材料
5. 保存方法
6. 別名※1
7. 用途（チェックの入っているもの）
8. 主におすすめしたい人※2
9. 脂質構成※3

オメガ3系

チアシードオイル
えごま油
亜麻仁油
サチャインチオイル
カメリナオイル
クリルオイル

オメガ6系

グレープシードオイル
ブラッククミンシードオイル
ローズヒップオイル
ヘンプシードオイル
ラズベリーシードオイル
ごま油
パンプキンシードオイル

オメガ7系

シーバックソーンオイル

オメガ9系

椿油
ひまわりオイル
オリーブオイル
アーモンドオイル
アボカドオイル
菜種油
茶実オイル
マカダミアナッツオイル
アルガンオイル
米油
タマヌオイル
馬油

飽和脂肪酸

ココナッツオイル
MCTオイル

ワックスエステル

ホホバオイル

飽和炭化水素

スクワランオイル

※1 すべてのオイルに記載があるわけではありません。
※2 食用と美容の両方の用途があるオイルで、肌に塗ることで働きが期待できる場合、「※肌に塗る場合」と記載しています。
※3 円グラフの割合については文献、論文等（P206に記載）をもとに著者が独自に作成しています。ただしオイルは自然物であり、オイルごとに分析値は異なるため、掲載している脂肪酸組成は一例で、複数の情報の平均値で記載したものもあります。微量脂肪酸を複数含む場合は「その他」でまとめ、いずれの割合も四捨五入しています。掲載順は脂肪酸のカテゴリごとに主要脂肪酸が多い順ですが、クリルオイルのみ主要成分が飽和脂肪酸であるものの、最大の特徴がリン脂質結合型オメガ3のため、オメガ3で紹介しています。

No.01

チアシードオイル

スーパーフード「チアシード」から抽出した植物オイル

Chiaseed oil

中南米が原産のシソ科植物チアの種を搾ったオイル。マヤ・アステカ族などの先住民にとって、チアは貴重な栄養源であり、また薬用でも使われていました。

オメガ3のα-リノレン酸を豊富に含むため酸化しやすく、生食向きです。ほんのりナッツ風味で、オメガ3系オイルの中ではクセがなく食べやすいので、繊細な素材とも合わせやすいです。

原材料／種子	保存方法／冷蔵
別名／サルバチアオイル	

Chiaseed oil

用途

- [x] 生でかける・あえる
- [ ] 低温・短時間調理に使う
- [ ] 加熱調理に使う
- [ ] 肌に使う

こんな人におすすめ

魚を食べる機会が少ない人	メンタルケアをしたい人
エイジングケアをしたい人	クセのあるオイルが苦手な人

脂質構成

主要脂肪酸
α-リノレン酸

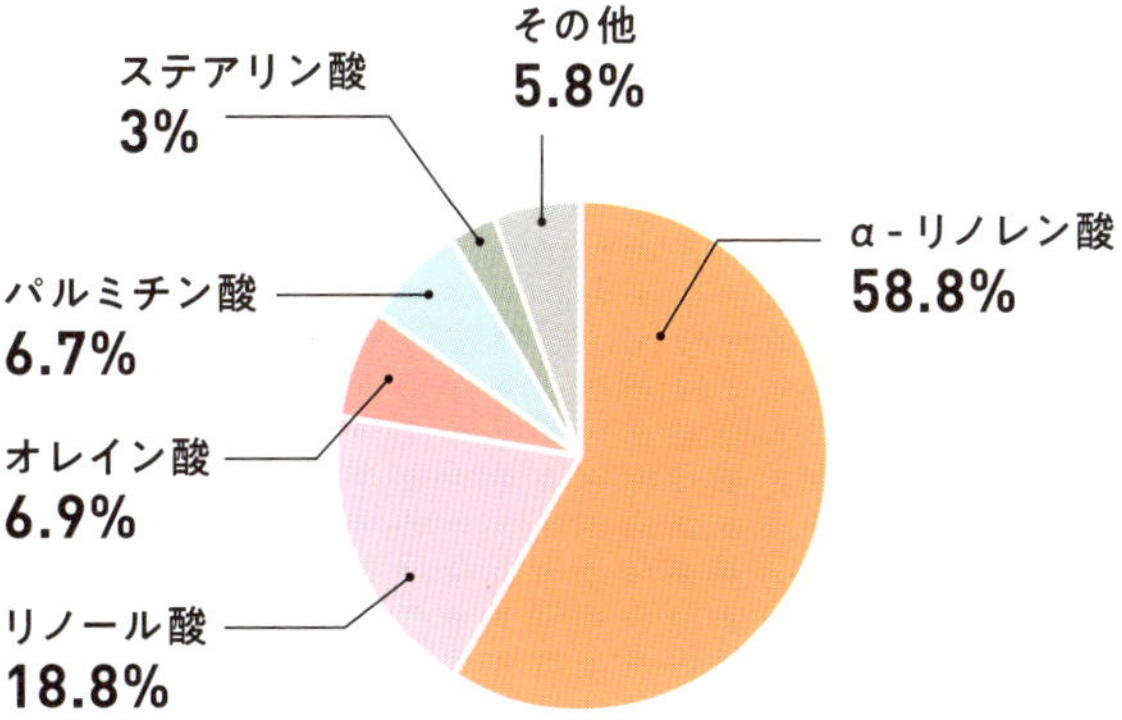

No.02

えごま油

Perilla oil

かけたり、和えたり。
風味づけに活用

シソ科植物のえごまの種を搾ったオイル。オメガ3のα-リノレン酸を豊富に含む他、精製度の低いオイルには、アルツハイマーの予防作用が注目されているロスマリン酸などのファイトケミカルがわずかに含まれます。焙煎と生搾りの2種類があり、焙煎は香ばしい香り、生搾りは若草のような香りが特徴です。酸化しやすいので生食向きです。

原材料／ 種子

保存方法／ 冷蔵

別名／ じゅうねん油　ペリラオイル　シソ油

Perilla oil

用途

- [x] 生でかける・あえる
- [ ] 低温・短時間調理に使う
- [ ] 加熱調理に使う
- [ ] 肌に使う

こんな人におすすめ

アレルギーの人	肌のくすみが気になる人
脳を健やかに保ちたい人	尿酸値が気になる人

脂質構成

主要脂肪酸

α-リノレン酸

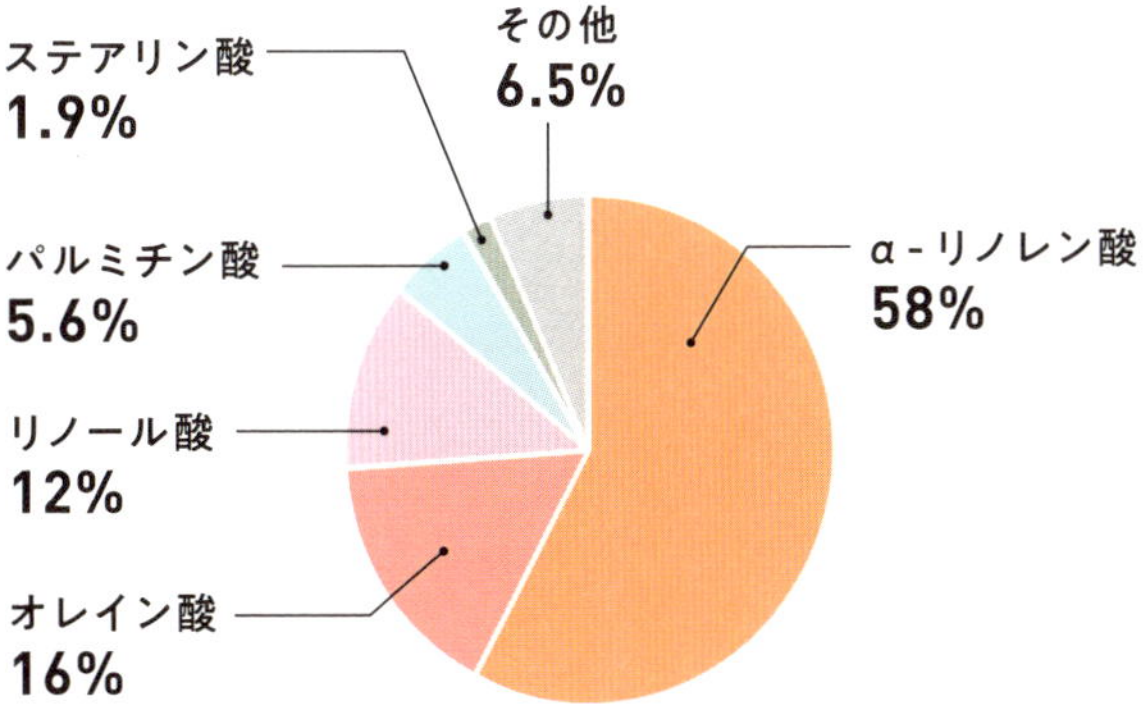

No.03

亜麻仁油

生食で摂りたい、オメガ3系オイルの代表

Flaxseed oil

亜麻仁油はリネンの原料にもなる亜麻の種から抽出されたオイル。オメガ3のα-リノレン酸を豊富に含み、アレルギーや血流の改善が期待できます。また、圧搾法で精製度の低いオイルには、エストロゲン様作用のある亜麻リグナンがわずかに含まれます。酸化しやすいので生食向きです。開封後は冷蔵保存で1か月を目安に使い切りましょう。

原材料／種子

保存方法／冷蔵

別名／フラックスシードオイル

Flaxseed oil

用途

- [x] 生でかける・あえる
- [ ] 低温・短時間調理に使う
- [ ] 加熱調理に使う
- [ ] 肌に使う

こんな人におすすめ

魚を食べる機会が少ない人	メンタルケアをしたい人
血管を健やかに保ちたい人	アレルギーの人

脂質構成

主要脂肪酸
α-リノレン酸

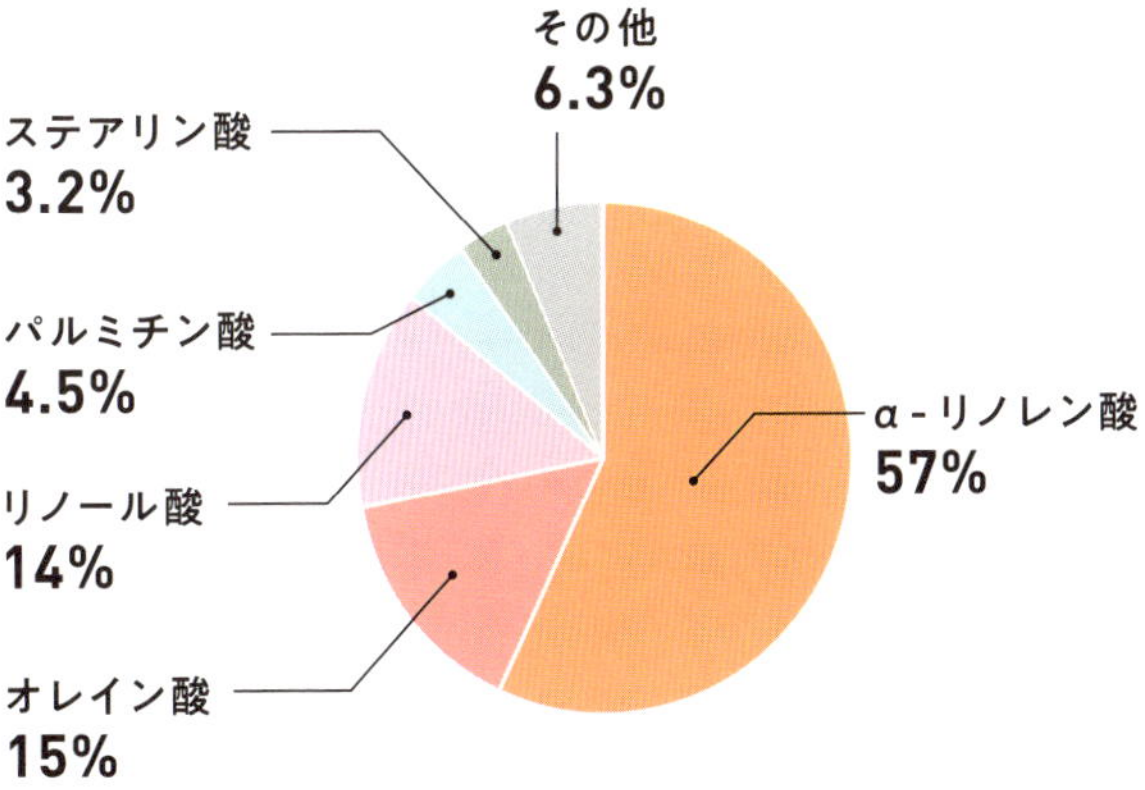

No.04

サチャインチオイル

ビタミンEが豊富で、加熱可能なオメガ3系オイル

Sacha inchi oil

古代インカ文明の時代から食べられていたアマゾン原産の星型の実をつけるサチャインチの種を搾ったオイル。酸化しやすいα-リノレン酸が主成分ですが、抗酸化力の高いビタミンEを豊富に含むため、他のオメガ3系オイルより酸化しにくく、短時間の加熱料理が可能です。青豆のような風味があり、葉もの野菜と相性がよいです。

原材料／種子	保存方法／冷蔵

別名／インカナッツオイル

Sacha inchi oil

用途

- [x] 生でかける・あえる
- [x] 低温・短時間調理に使う
- [ ] 加熱調理に使う
- [ ] 肌に使う

こんな人におすすめ

魚を食べる機会が少ない人	メンタルケアをしたい人
肌の乾燥が気になる人	低温の加熱調理に活用したい人

脂質構成

主要脂肪酸
α-リノレン酸

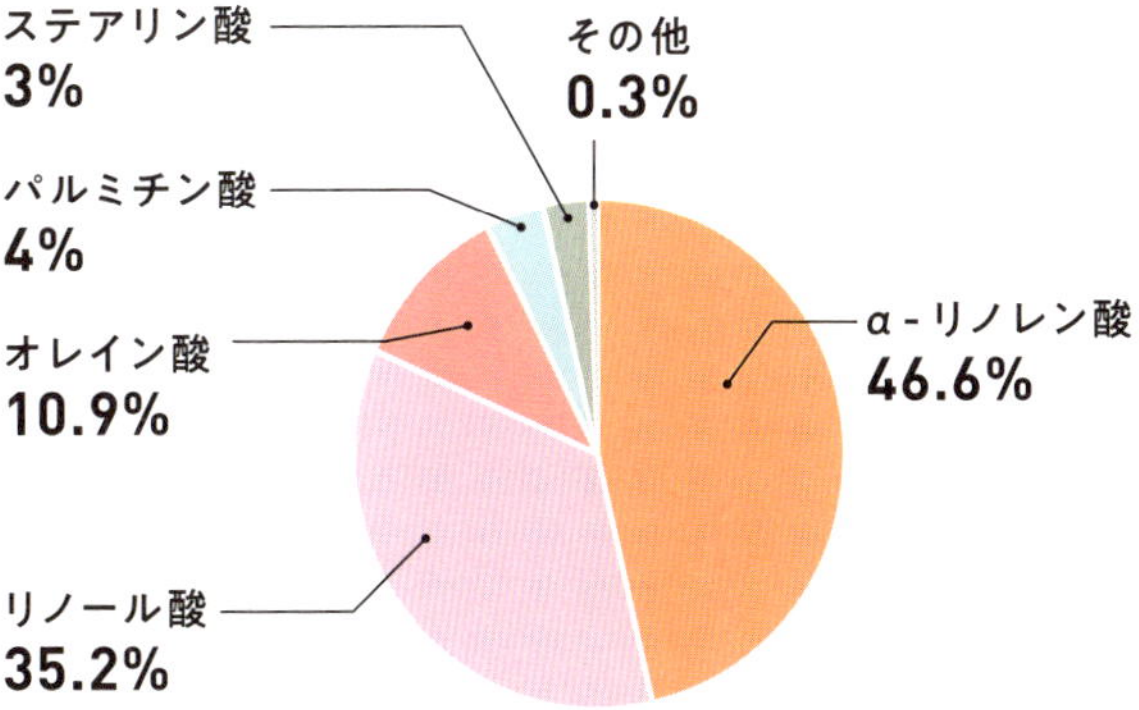

No.05

カメリナオイル

Camelina oil

生も加熱もＯＫで、香味野菜のような風味が料理のアクセントに

ヨーロッパで古くから親しまれているアブラナ科のカメリナサティバの種から採れるオイル。α-リノレン酸のほか、中性脂肪の低下作用が報告されているエイコセン酸を含みます。比較的熱に強いオメガ9を多く含むため、オメガ3系オイルの中では酸化しにくく、短時間の加熱調理が可能です。ニラのような風味があるので香味オイルとしても使えます。

原材料／種子	保存方法／冷蔵

別名／アマナズナ種子油

Camelina oil

用途

- [x] 生でかける・あえる
- [x] 低温・短時間調理に使う
- [ ] 加熱調理に使う
- [ ] 肌に使う

こんな人におすすめ

魚を食べる機会が少ない人	コレステロールが気になる人
アレルギーの人	風味づけに使いたい人

脂質構成

主要脂肪酸
α-リノレン酸

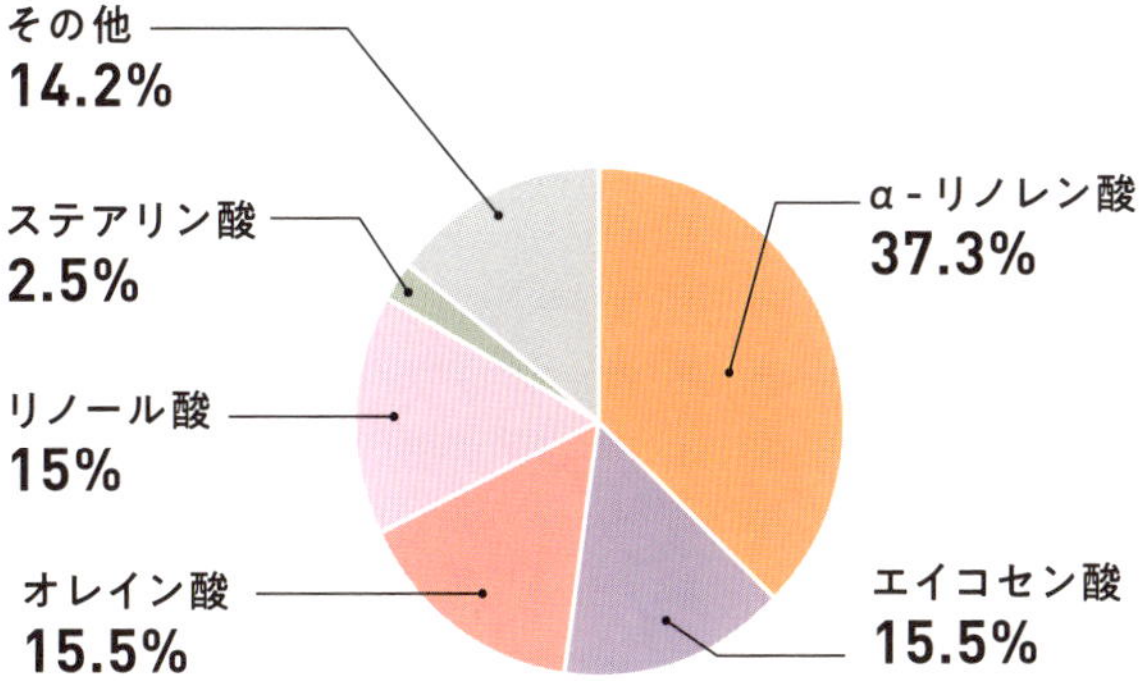

No.06

クリルオイル

Krill oil

オメガ3系オイルの中でも体内への吸収力が高いオイル

動物プランクトンのクリル※から抽出されるオイル。鮮やかな赤色はアスタキサンチンによるものです。最大の特徴は、リン脂質型ＥＰＡ・ＤＨＡが含まれ、末梢組織まで届きやすいことです。ツノナシオキアミは抗肥満成分も含みます。香りが強いためサプリメントが一般的ですが、風味を活かした食用オイルや、調味料として使えるオイルパウダーもあります。

※南極オキアミ、三陸沖のツノナシオキアミ

原材料／オキアミ	保存方法／冷暗所
別名／オキアミオイル	

Krill oil

用途

- ☑ 生でかける・あえる
- ☑ 低温・短時間調理に使う
- □ 加熱調理に使う
- □ 肌に使う

こんな人におすすめ

脳を健やかに保ちたい人	中性脂肪が気になる人
肌の乾燥が気になる人	ぐっすり眠りたい人

脂質構成

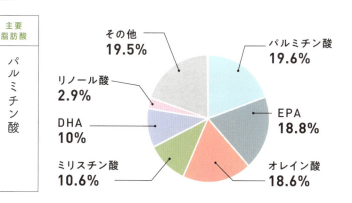

主要脂肪酸
パルミチン酸

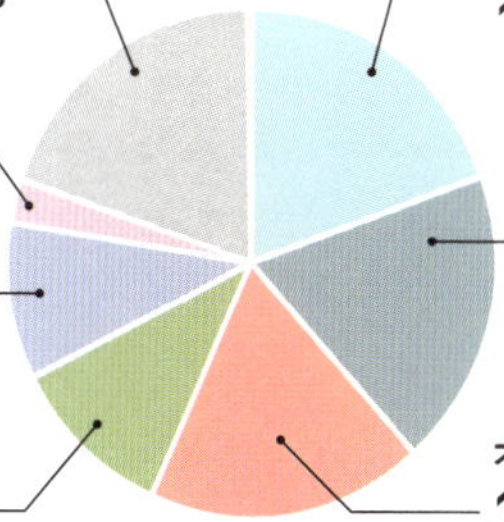

※EPA・DHAの40%～65%がリン脂質結合型

No.07

グレープシードオイル

味わいや香りにクセがなく、どんな食材とも合わせやすい

Grapeseed oil

白ワインを作った後に残る種から抽出したオイル。副産物で作られるため、環境負荷が少ないというメリットがありますが、摂りすぎると炎症を起こしやすくなるリノール酸を植物オイルの中でもっとも多く含むため、摂りすぎには注意が必要です。スキンケアでは、保湿力があり、さらっとしたテクスチャーなので、全身に使いやすいです。

原材料／ 種子

保存方法／ 冷暗所

別名／ ブドウ種子油

Grapeseed oil

用途

- [x] 生でかける・あえる
- [x] 低温・短時間調理に使う
- [ ] 加熱調理に使う
- [x] 肌に使う

こんな人におすすめ

ドレッシングなどに活用したい人	クセのあるオイルが苦手な人
肌の乾燥が気になる人 ※肌に塗る場合	オイルのべたつきが苦手な人 ※肌に塗る場合

脂質構成

主要脂肪酸
リノール酸

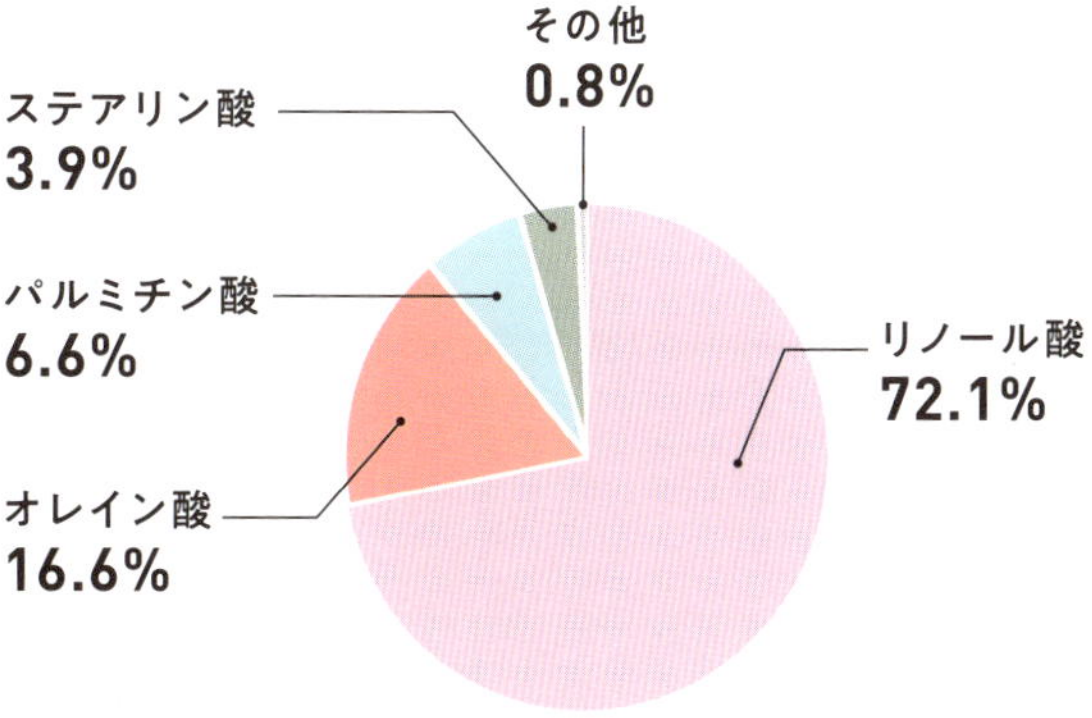

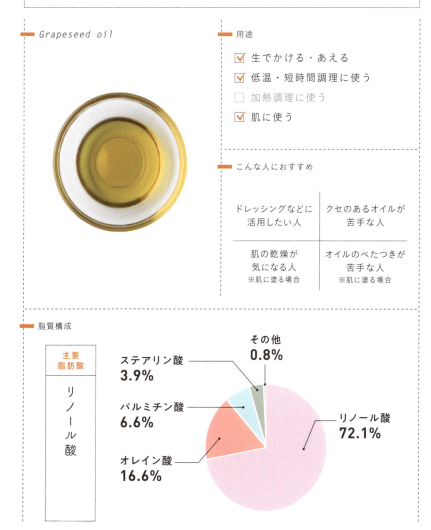

No.08

ブラッククミンシードオイル

Blackcuminseed oil

古くから民間療法と美容オイルとして使われてきた万能オイル

ニゲラとも呼ばれるクロタネソウの種から抽出されるオイル。強力な抗炎症作用を持つチモキノンという成分を含むことから、万能薬として古くから民間療法で使われてきました。刺激的な辛味と苦味が特徴で、カレーなどのスパイスとして料理に使う他、サプリメントでも販売されています。スキンケアでは傷や炎症のケアにおすすめです。

原材料／種子

保存方法／冷暗所

別名／ブラックシードオイル　ニゲラサティバ種子油

Blackcuminseed oil

用途

- [x] 生でかける・あえる
- [x] 低温・短時間調理に使う
- [ ] 加熱調理に使う
- [x] 肌に使う

こんな人におすすめ

免疫力を高めたい人	呼吸器系の不調がある人
血糖値が気になる人	脳を健やかに保ちたい人

脂質構成

主要脂肪酸

リノール酸

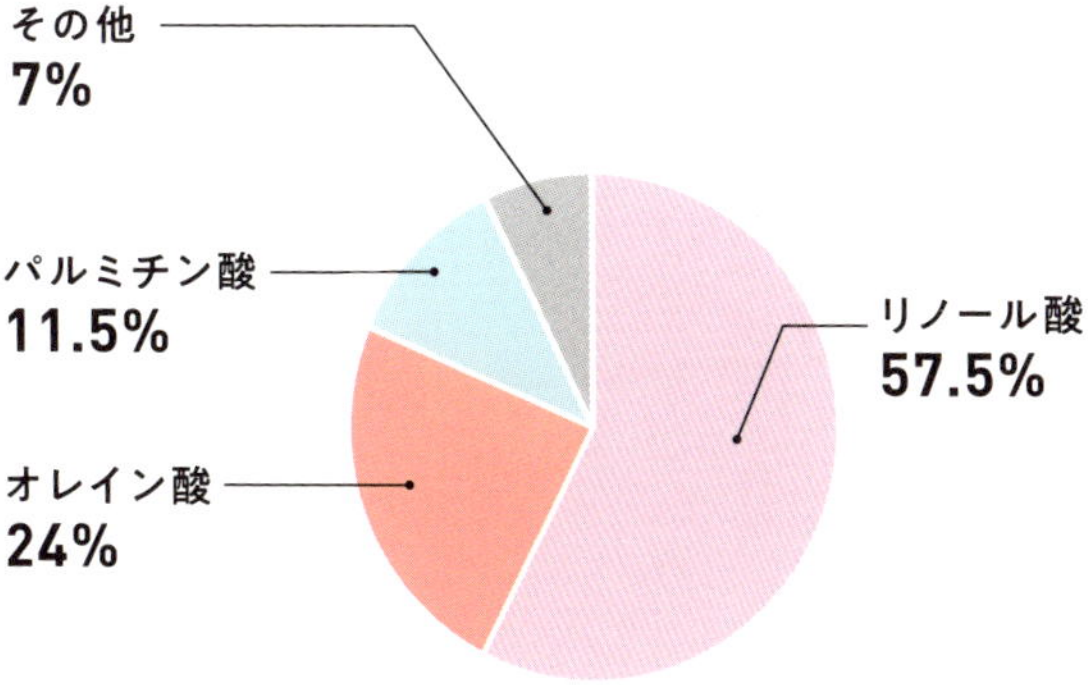

No.09

ローズヒップオイル

Rosehip oil

肌なじみがよく、べたつきの少ない使用感が魅力

薔薇の実（ローズヒップ）が原料の希少な美容オイル。皮膚のターンオーバーを促して色素沈着を軽減させるα-リノレン酸や、β-カロテン、ファイトケミカルの作用により、美白効果が期待できますが、多価不飽和脂肪酸を80％ほど含むため酸化しやすいので、肌に塗る際はホホバオイルなど酸化安定性の高いオイルとブレンドすることをおすすめします。

原材料／ 種子

保存方法／ 冷暗所

別名／ カニナバラ種子油

Rosehip oil

用途

- [ ] 生でかける・あえる
- [ ] 低温・短時間調理に使う
- [ ] 加熱調理に使う
- [x] 肌に使う

こんな人におすすめ

※すべて肌に塗る場合

紫外線を浴びることが多い人	シミやしわが気になる人
肌のくすみが気になる人	肌の乾燥が気になる人

脂質構成

主要脂肪酸
リノール酸

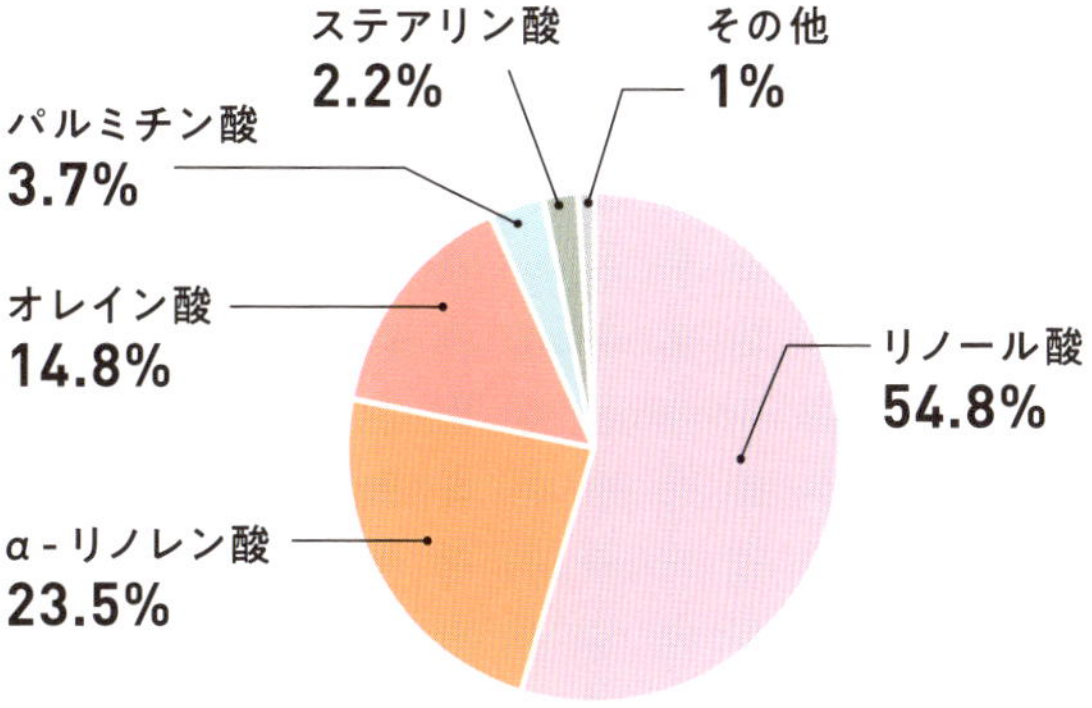

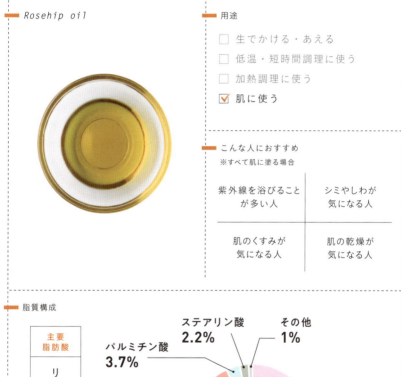

No.10

ヘンプシードオイル

Hempseed oil

オメガ3・6・9をバランスよく含み、食と美容の両方で使える

大麻（ヘンプ）の種から抽出されるオイル。同じ植物から抽出されるCBDオイルとは異なります。主成分はリノール酸ですが、アレルギーを抑える働きが期待できるα-リノレン酸とγ-リノレン酸を含みます。酸化しやすいので生食向きです。スキンケアでは、毛穴詰まりしにくく保湿力もあるので、ニキビができやすい人にもおすすめです。

原材料／ 種子

保存方法／ 冷暗所

別名／ 麻の実油

Hempseed oil

用途

- [x] 生でかける・あえる
- [x] 低温・短時間調理に使う
- [ ] 加熱調理に使う
- [x] 肌に使う

こんな人におすすめ

オメガ3と6をバランスよく摂りたい人	オイルのべたつきが苦手な人 ※肌に塗る場合
アレルギーの人	肌の乾燥が気になる人 ※肌に塗る場合

脂質構成

主要脂肪酸

リノール酸

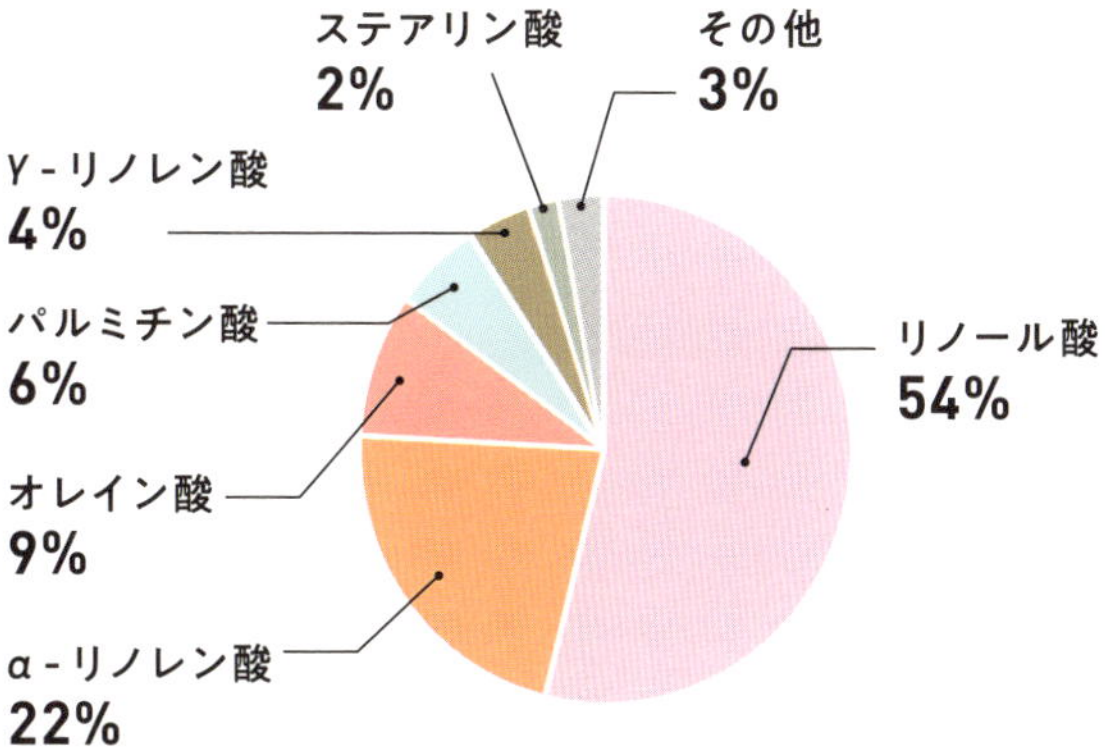

No.11

ラズベリーシードオイル

紫外線から皮膚を守り、肌老化を抑制

ラズベリーの実の小さな種から採れるオイル。リノール酸による保湿作用や、α-リノレン酸による肌細胞の新陳代謝の正常化によって、肌のゆらぎを整えます。さらに、炎症や活性酸素の生成を抑えるポリフェノール類やβ-カロテンを含むため、紫外線による炎症や酸化の抑制も期待できます。酸化しやすいので、酸化安定性の高いオイルとのブレンドがおすすめです。

原材料／種子

保存方法／冷暗所

別名／ヨーロッパキイチゴ種子油

Raspberryseed oil

用途

- [ ] 生でかける・あえる
- [ ] 低温・短時間調理に使う
- [ ] 加熱調理に使う
- [x] 肌に使う

こんな人におすすめ

※すべて肌に塗る場合

肌老化が気になる人	肌がゆらぎやすい人
シミのケアをしたい人	紫外線で炎症を起こしやすい人

脂質構成

主要脂肪酸
リノール酸

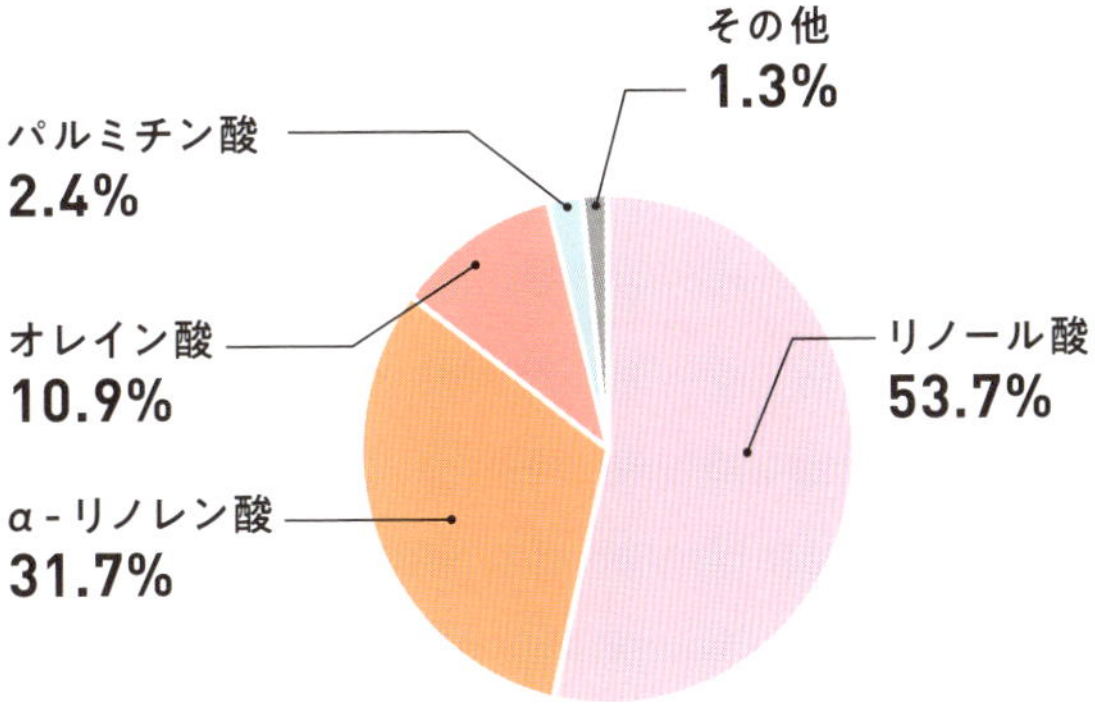

No.12

ごま油

焙煎の違いで、味わいや用途の違いを楽しめる

Sesame oil

ごま油は、白ごま、黒ごま、金ごまの原料の違いや、焙煎する温度や搾油方法などによって風味や色が異なります。一般的に食用でよく使われるのは焙煎タイプ。焙煎しない太白ごま油は無色透明に近く、風味もまろやかです。ごま油特有のゴマリグナンは非常に抗酸化力が高く、ごま油自体の酸化だけでなく、体内の酸化も防ぐ他、肝臓を保護する働きもあります。

原材料／種子	保存方法／冷暗所
別名／セサミオイル	

Sesame oil

用途

- ☑ 生でかける・あえる
- ☑ 低温・短時間調理に使う
- ☑ 加熱調理に使う
- ☑ 肌に使う

こんな人におすすめ

エイジングケアをしたい人	コレステロールが気になる人
食欲があまりない人	肌を美しく保ちたい人 ※肌に塗る場合

脂質構成

主要脂肪酸
リノール酸

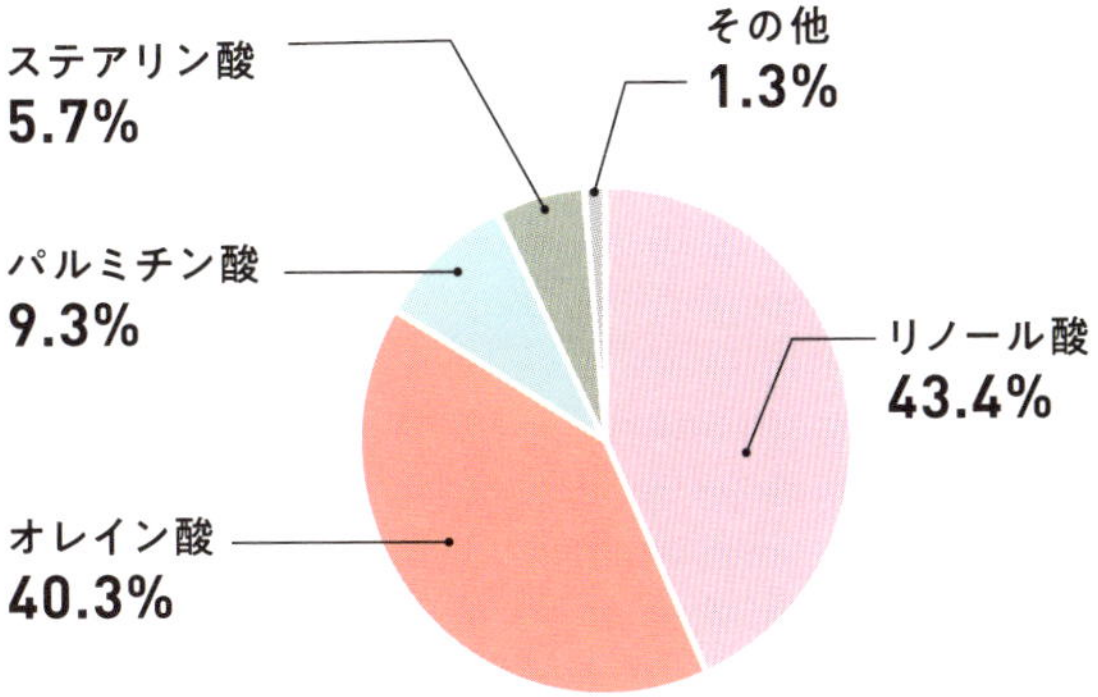

No.13

パンプキンシードオイル

Pumpkinseed oil

グルメ愛好家に人気。ナッツのような香ばしさと香り

ハロウィンで使われるペポカボチャの種から採れるオイル。種皮に含まれるクロロフィルやカロテノイドにより、深緑色をしています。男性ホルモンのジヒドロテストステロンの生成を抑える働きがあり、ヨーロッパでは古くから前立腺肥大や男性型脱毛症に対する民間療法に使われてきました。ナッツのような香ばしい風味で、スイーツにも合います。

原材料／種子

保存方法／冷暗所

別名／なし

Pumpkinseed oil

用途

- [x] 生でかける・あえる
- [x] 低温・短時間調理に使う
- [ ] 加熱調理に使う
- [ ] 肌に使う

こんな人におすすめ

エイジングケアをしたい人	抜け毛が気になる人
むくみが気になる人	風味づけに使いたい人

脂質構成

主要脂肪酸
リノール酸

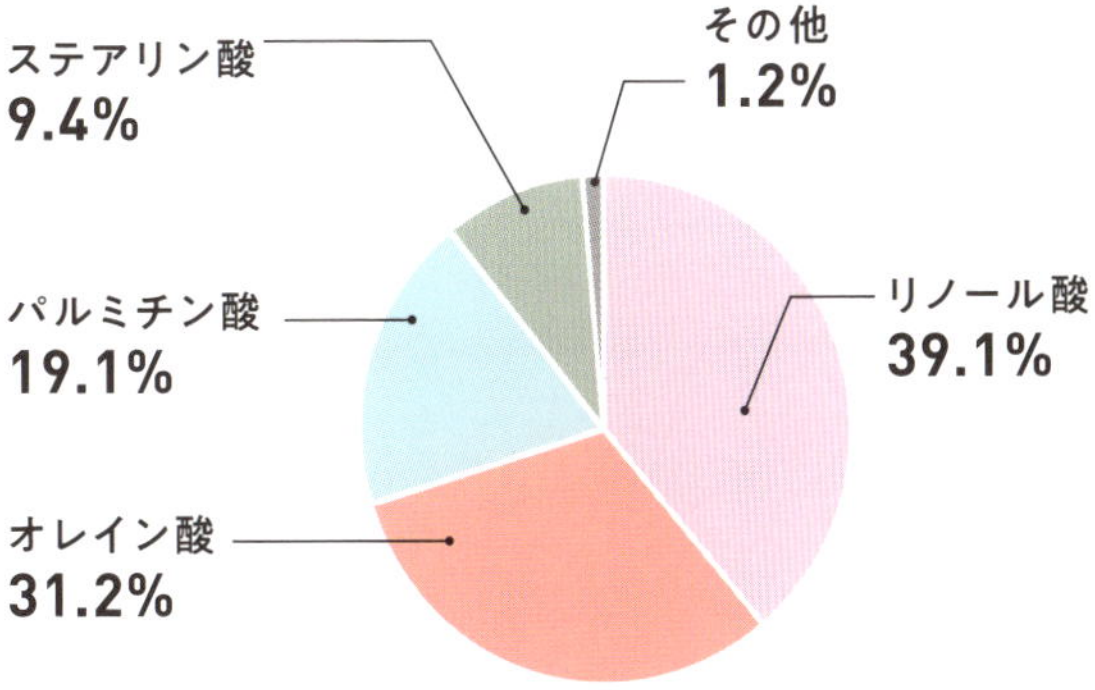

No.14

シーバックソーンオイル

食と美容の両方に使える、アンチエイジングオイル

Sea buckthorn oil

シーバックソーンは別名サジーとも呼ばれ、ユーラシア大陸原産のグミ科の植物で、小豆ほどの小さな果実に２００種類以上の栄養素を含むことからスーパーフードと呼ばれています。その実を搾ったオイルは、アンチエイジングの要といわれるパルミトレイン酸の他、抗酸化成分が多く含まれるため、エイジングケアや紫外線対策に活用したいオイルです。

原材料／果実

保存方法／冷暗所

別名／サジーオイル　シーベリーオイル

Sea buckthorn oil

用途

- ☑ 生でかける・あえる
- ☑ 低温・短時間調理に使う
- ☑ 加熱調理に使う
- ☑ 肌に使う

こんな人におすすめ

血糖値が気になる人	生活習慣病を予防したい人
エイジングケアをしたい人 ※肌に塗る場合	紫外線対策をしたい人 ※肌に塗る場合

脂質構成

主要脂肪酸
パルミトレイン酸

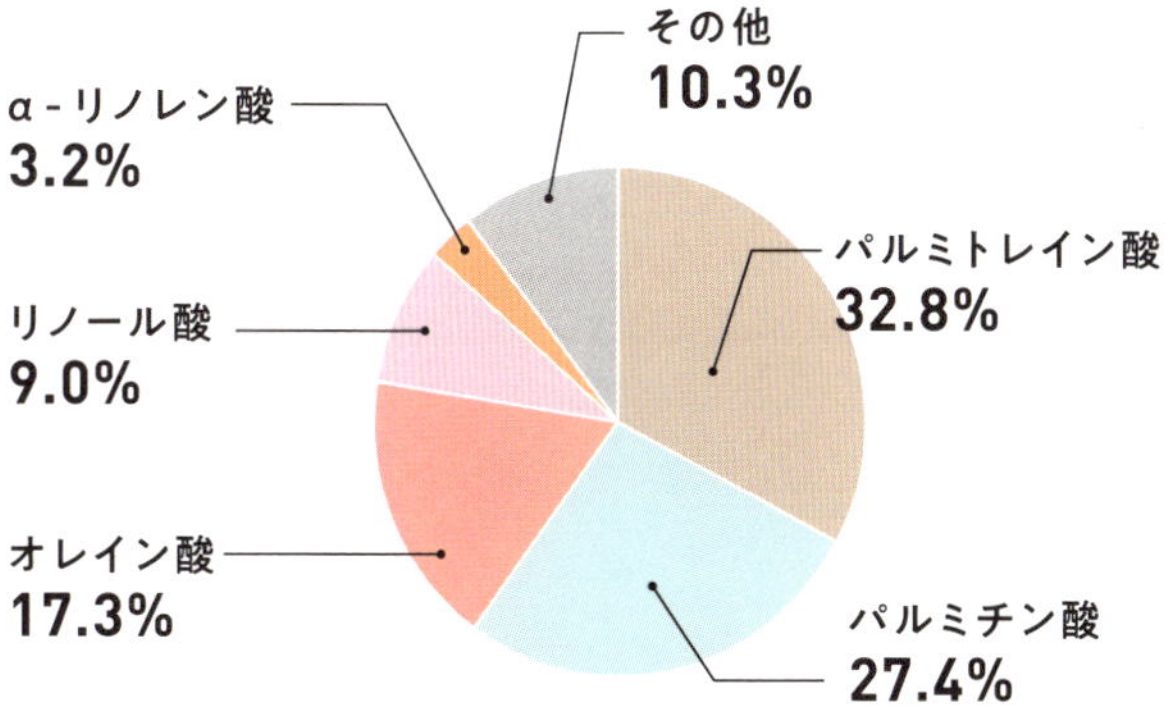

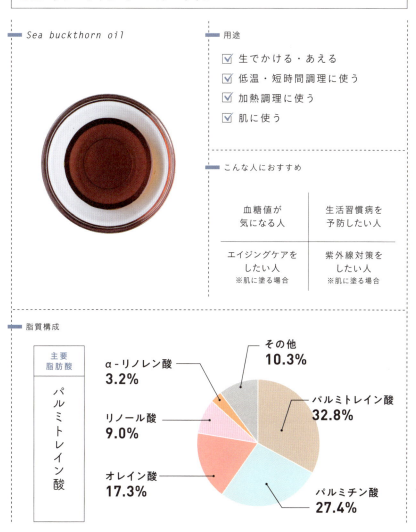

No.15

椿油

歴史は古く食用と美容のいずれでも活躍するオイル

Camellia oil

椿の種から搾られたオイルで、平安時代から灯籠用や食用、化粧用として使用されていました。美容用だけでなく食用もあり、オレイン酸とビタミンEが豊富で酸化しにくいので、天ぷらなどの揚げ油としても使われます。またクセがないので、素材の風味を活かしたい料理にも使いやすいです。美容では保湿力を高める特徴から、髪や肌をつややかに保ちます。

原材料／ 種子（仁）

保存方法／ 冷暗所

別名／ カメリアオイル

Camellia oil

用途

- [x] 生でかける・あえる
- [x] 低温・短時間調理に使う
- [x] 加熱調理に使う
- [x] 肌に使う

こんな人におすすめ

エイジングケアをしたい人 ※肌に塗る場合	髪のパサつきが気になる人 ※髪に塗る場合
高温の加熱調理に活用したい人	肌の乾燥が気になる人 ※肌に塗る場合

脂質構成

主要脂肪酸
オレイン酸

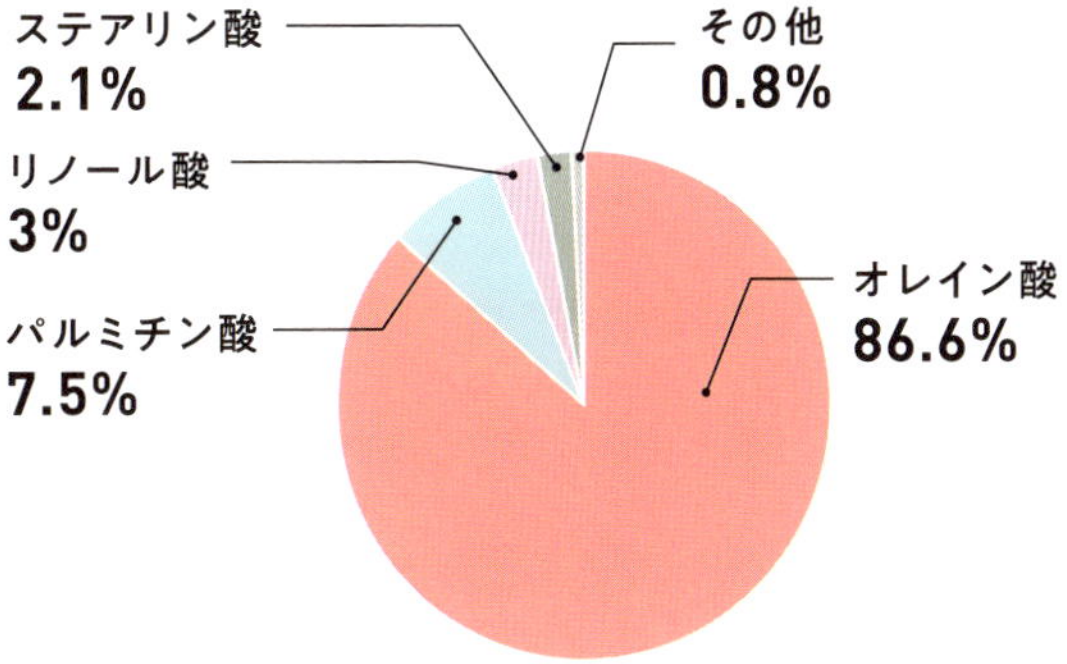

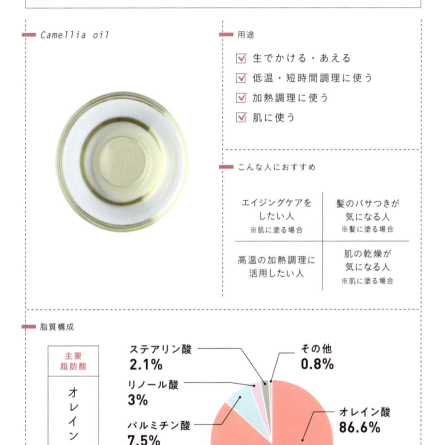

No.16

ひまわりオイル

肌を酸化から守って、いきいきとした素肌に整える

Sunflower oil

ひまわりの種から採れるオイルで、高オレイン酸と高リノール酸の2タイプあるので、購入時には確認を。ビタミンEを豊富に含み活性酸素を抑える働きが期待できます。高オレイン酸タイプは腸の蠕動運動を促す作用があり、便秘がちな人にもおすすめです。酸化しにくく、加熱調理にも使えます。スキンケアでは血行を促し、肌を明るくする作用が期待できます。

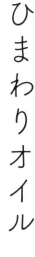

原材料／ 種子

保存方法／ 冷暗所

別名／ ひまわり油　サンフラワーオイル

Sunflower oil

用途

- ☑ 生でかける・あえる
- ☑ 低温・短時間調理に使う
- ☑ 加熱調理に使う
- ☑ 肌に使う

こんな人におすすめ

コレステロールが気になる人	便秘がちな人
肌老化が気になる人 ※肌に塗る場合	冷え性や血行不良が気になる人

脂質構成

主要脂肪酸
オレイン酸

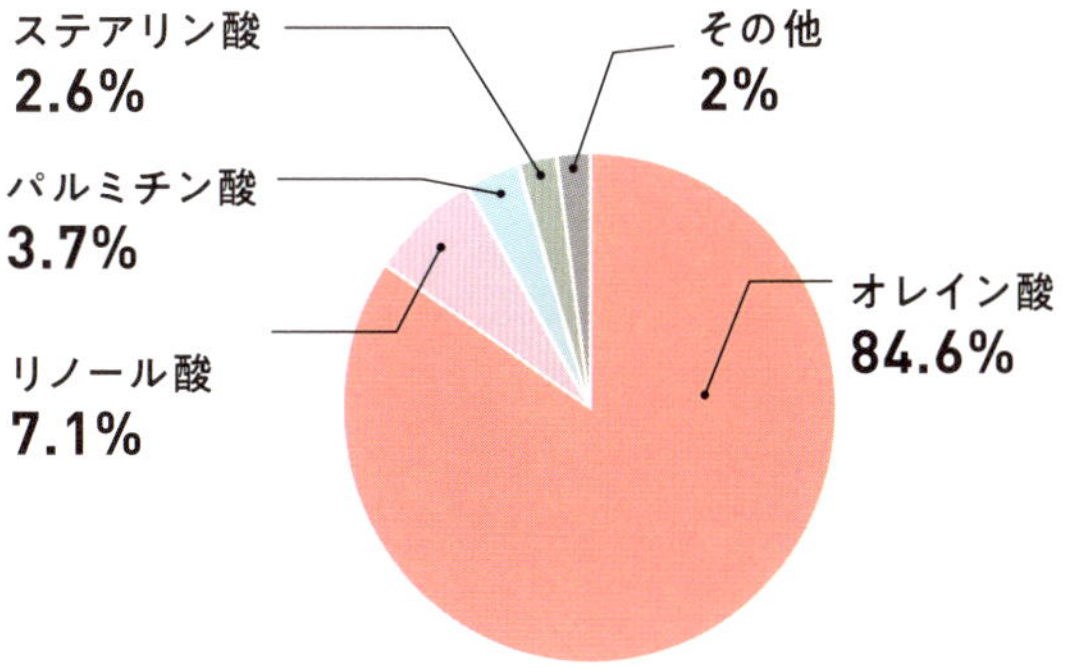

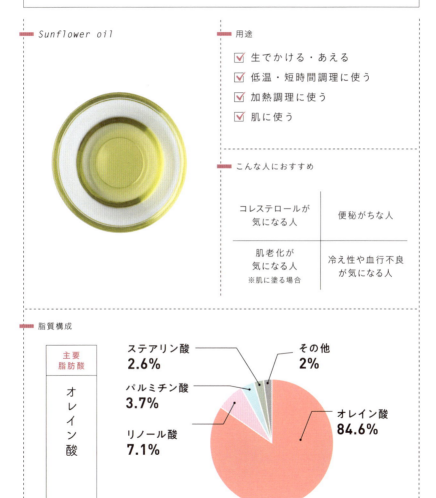

No.17

オリーブオイル

最も古い食用植物オイルの1つ

Olive oil

オリーブの果実から抽出されるオイル。その製法により、バージンオリーブオイルやピュアオリーブオイルなどいくつかの種類がありますが、オリーブオイルの最大の特徴であるポリフェノール類を豊富に含むのはエクストラバージンオリーブオイルです。中でも早摘みのオイルには、非常に高い抗酸化・抗炎症作用のあるオレオカンタールが含まれています。

原材料／果実

保存方法／冷暗所

別名／オリーブ果実油

Olive oil

用途

- ☑ 生でかける・あえる
- ☑ 低温・短時間調理に使う
- ☑ 加熱調理に使う
- ☑ 肌に使う

こんな人におすすめ

コレステロールが気になる人	便秘がちな人
エイジングケアをしたい人	肌の乾燥が気になる人 ※肌に塗る場合

脂質構成

主要脂肪酸
オレイン酸

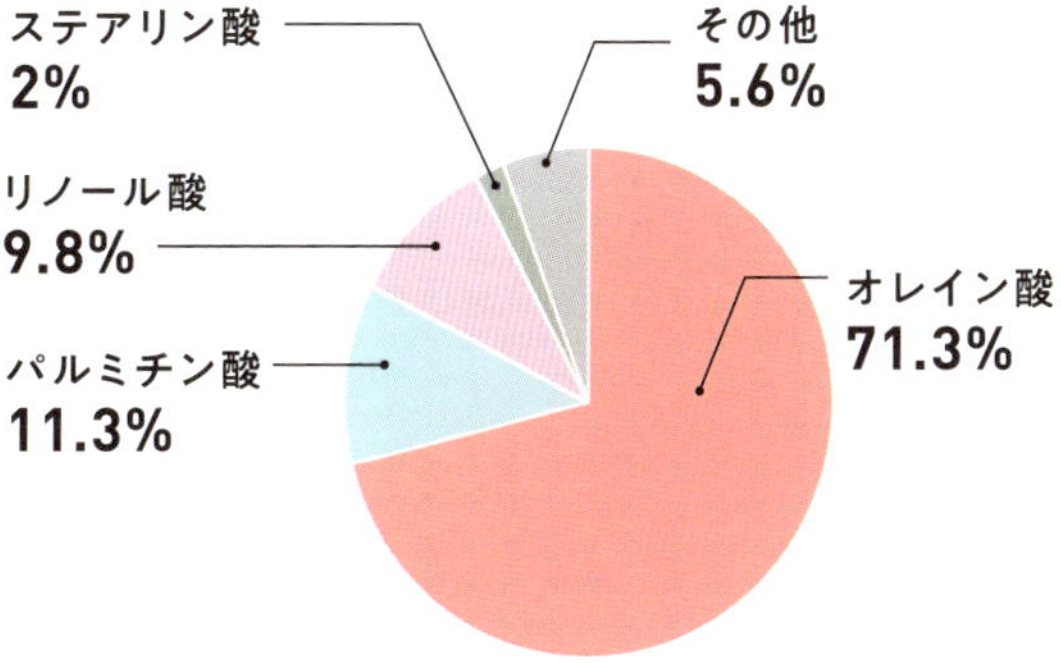

No.18

アーモンドオイル

Almond oil

古代ギリシア時代から重宝されてきた、美と健康のオイル

ナッツとしてよく食べられるアーモンドから採れるオイルで、オレイン酸とビタミンEを豊富に含みます。ナッツの風味をそのまま感じることからクッキーやケーキ、アイスクリームなどの風味づけにも活用できます。スキンケアでは、保湿力があり、伸びがよくやわらかなテクスチャーを利用して、全身のマッサージにもおすすめです。

原材料／種子（仁）

保存方法／冷暗所

別名／なし

Almond oil

用途

- [x] 生でかける・あえる
- [x] 低温・短時間調理に使う
- [x] 加熱調理に使う
- [x] 肌に使う

こんな人におすすめ

コレステロールが気になる人	便秘がちな人
風味づけに使いたい人	肌のごわつきが気になる人 ※肌に塗る場合

脂質構成

主要脂肪酸
オレイン酸

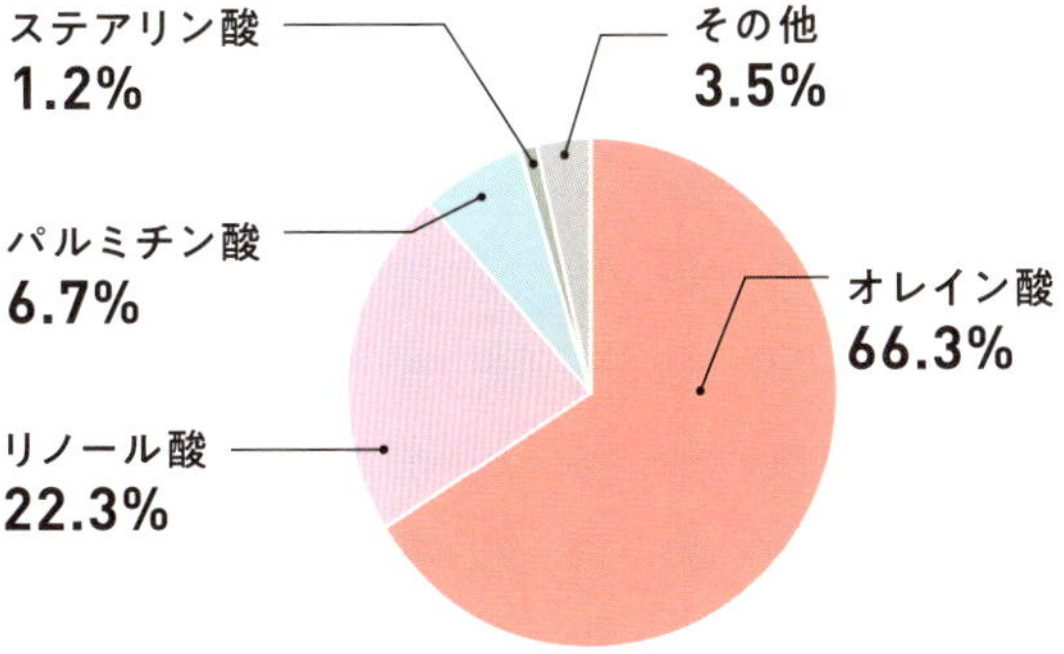

No.19

アボカドオイル

Avocado oil

果肉を搾る数少ないオイル。目の健康やコレステロール管理に

「最も栄養価の高い果実」としてギネスブックに登録されたアボカドの果肉を搾ったオイル。主成分のオレイン酸に加えて、コレステロールの吸収を抑える植物ステロールが豊富なため、LDLコレステロールを低下させる作用が期待できます。また、目を守るカロテノイド系のルテインも含みます。酸化しにくいため加熱調理も可能です。

原材料／果肉

保存方法／冷暗所

別名／なし

Avocado oil

用途

- ☑ 生でかける・あえる
- ☑ 低温・短時間調理に使う
- ☑ 加熱調理に使う
- ☑ 肌に使う

こんな人におすすめ

目の疲れが 気になる人	コレステロールが 気になる人
エイジングケアを したい人	肌の乾燥が 気になる人 ※肌に塗る場合

脂質構成

主要脂肪酸
オレイン酸

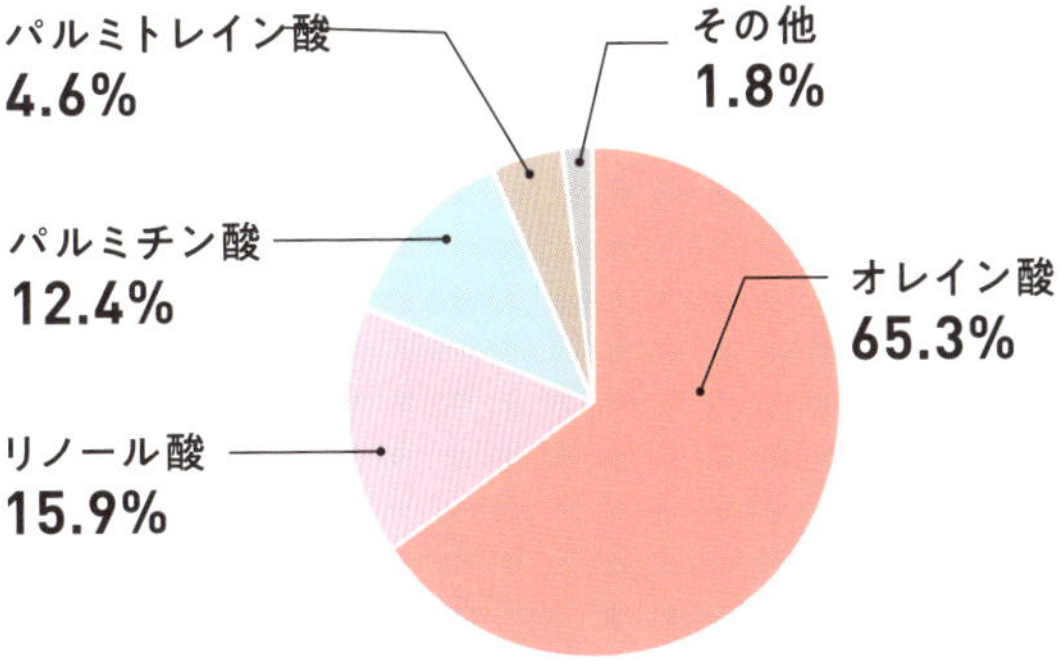

No.20

菜種油

Rapeseed oil

揚げ物や炒め物など、加熱調理に幅広く使えるオイル

アブラナ科植物の種を搾ったオイル。ごま油やえごま油と並び、日本で古くから食されてきたオイルの1つです。原料となるアブラナ科植物は多品種あり、キャノーラオイルも菜種油の一種です。骨にカルシウムを沈着させて丈夫な骨を作る働きのあるビタミンKが豊富です。圧搾・未精製のオイルは独特の風味があるので、香味オイルとしても使えます。

原材料／種子

保存方法／冷暗所

別名／レイプシードオイル　キャノーラ油

Rapeseed oil

用途

- ☑ 生でかける・あえる
- ☑ 低温・短時間調理に使う
- ☑ 加熱調理に使う
- ☑ 肌に使う

こんな人におすすめ

コレステロールが気になる人	骨粗鬆症が気になる人
便秘がちな人	肌の乾燥が気になる人 ※肌に塗る場合

脂質構成

主要脂肪酸
オレイン酸

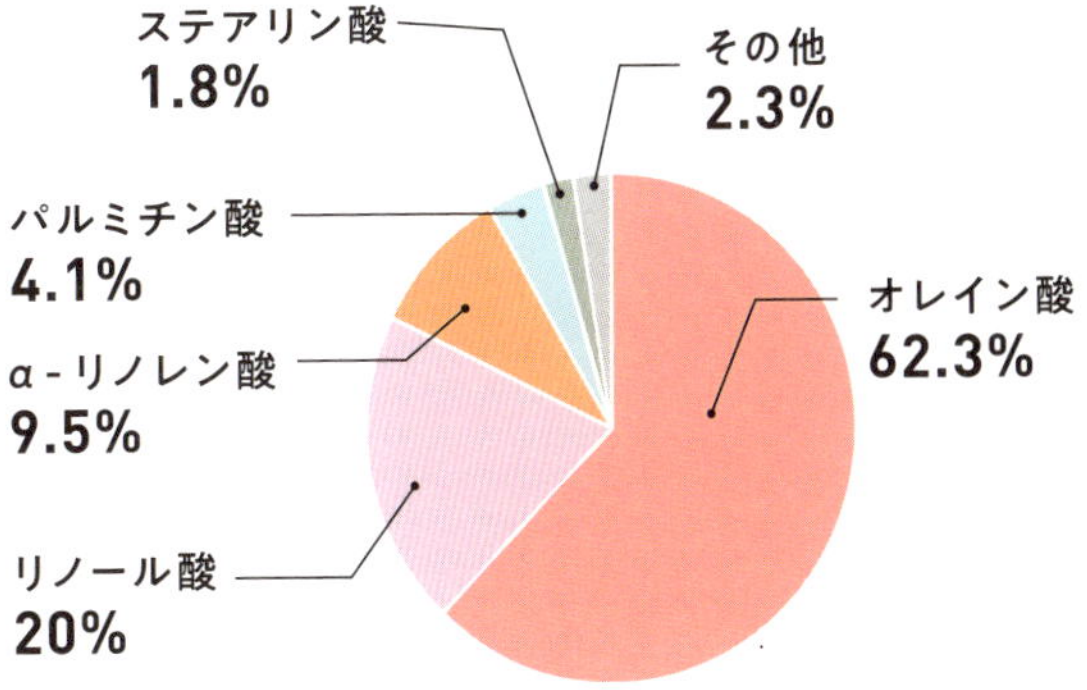

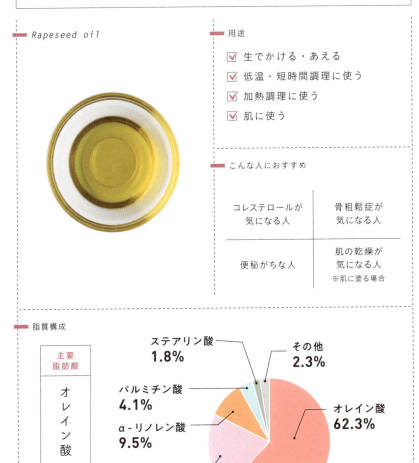

No.21

茶《ちゃ》実《じつ》オイル

お茶のパワーがたっぷりつまった茶の実から抽出したオイル

Teaseed oil

花が咲いたあとに実るお茶の実から抽出されるオイル。原料の少なさと搾油率の低さから、希少性が高く、食用もありますが、主に美容オイルとして流通しています。ビタミンEやポリフェノール類の他、植物オイルとしては珍しく、抗酸化作用の高いコエンザイムQ10を含み、肌を酸化から守り、ハリや潤いを補ってくれるオイルです。

原材料／種子（仁）	保存方法／冷暗所

別名／チャ種子油　ティーオイル

Teaseed oil

用途

- ☑ 生でかける・あえる
- ☑ 低温・短時間調理に使う
- ☑ 加熱調理に使う
- ☑ 肌に使う

こんな人におすすめ

肌老化が気になる人 ※肌に塗る場合	コレステロールが気になる人
敏感肌の人 ※肌に塗る場合	肌のごわつきが気になる人 ※肌に塗る場合

脂質構成

主要脂肪酸
オレイン酸

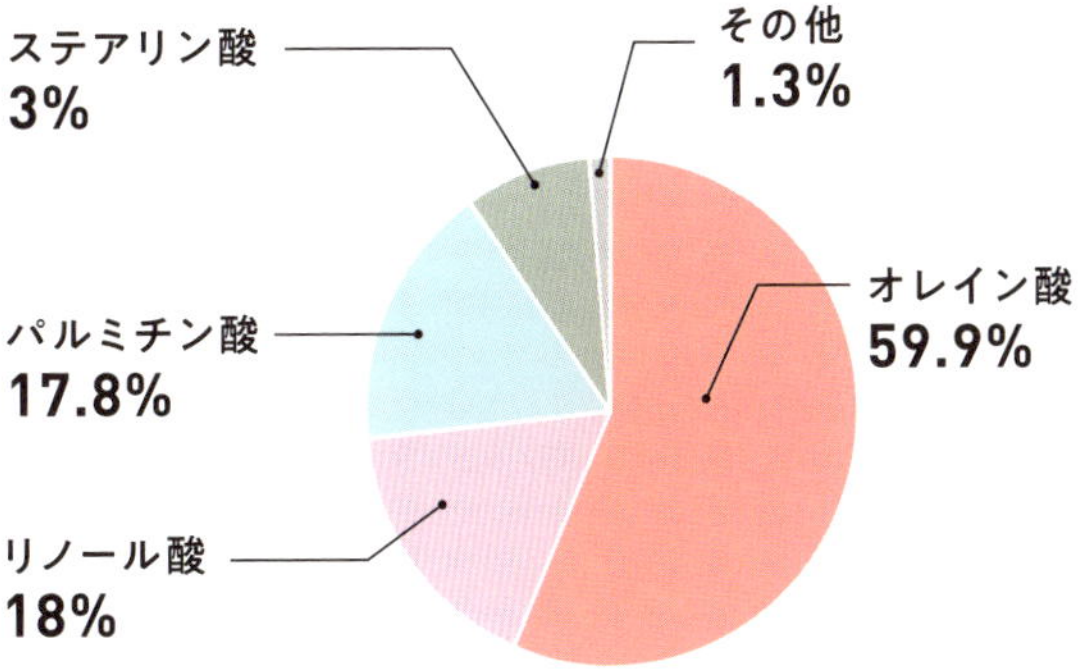

No.22

マカダミアナッツオイル

糖質ゼロでも甘みを感じる風味豊かなオイル

Macadamia ternifoliaseed oil

マカダミアナッツを搾ったオイル。主成分はオレイン酸ですが、パルミトレイン酸を含むのが特徴です。パルミトレイン酸はインスリンが働きやすいようにする、炎症を抑えるなどの働きがあるため、血糖値が気になる人にもおすすめです。また、パルミトレイン酸はアンチエイジングの要とも呼ばれ、スキンケアでは肌の老化予防が期待できます。

原材料／種子（仁）

保存方法／冷暗所

別名／マカダミア種子油

Macadamia ternifoliaseed oil

用途

- [x] 生でかける・あえる
- [x] 低温・短時間調理に使う
- [x] 加熱調理に使う
- [x] 肌に使う

こんな人におすすめ

便秘がちな人	甘いものを セーブしたい人
血糖値が 気になる人	エイジングケアを したい人 ※肌に塗る場合

脂質構成

主要脂肪酸
オレイン酸

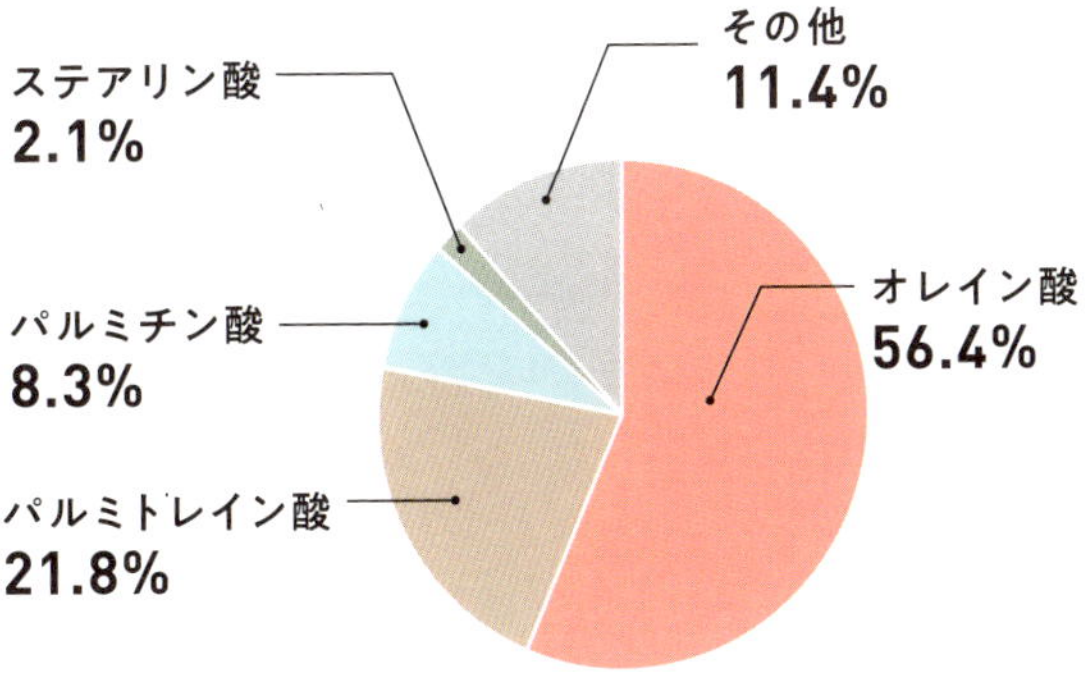

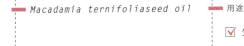

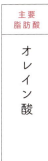

No.23

アルガンオイル

メジャーな美容オイル。食用では風味づけに大活躍

Argan oil

モロッコとスペイン諸島の限られた地域に生息するアルガンツリーから採れる、希少なオイル。美容オイルのイメージがありますが、食用でも使われます。生搾りと焙煎搾りがあり、焙煎搾りはナッツの風味です。スキンケアではリノール酸とオレイン酸の保湿作用に加え、豊富なビタミンEとアルガン特有のファイトケミカルが肌を整えます。

原材料／種子（仁）

保存方法／冷暗所

別名／アルガニアスピノサ核油

Argan oil

用途

- ☑ 生でかける・あえる
- ☑ 低温・短時間調理に使う
- ☑ 加熱調理に使う
- ☑ 肌に使う

こんな人におすすめ

ナッツが好きな人	風味づけに使いたい人
エイジングケアをしたい人	乾燥が気になる人 ※肌に塗る場合

脂質構成

主要脂肪酸
オレイン酸

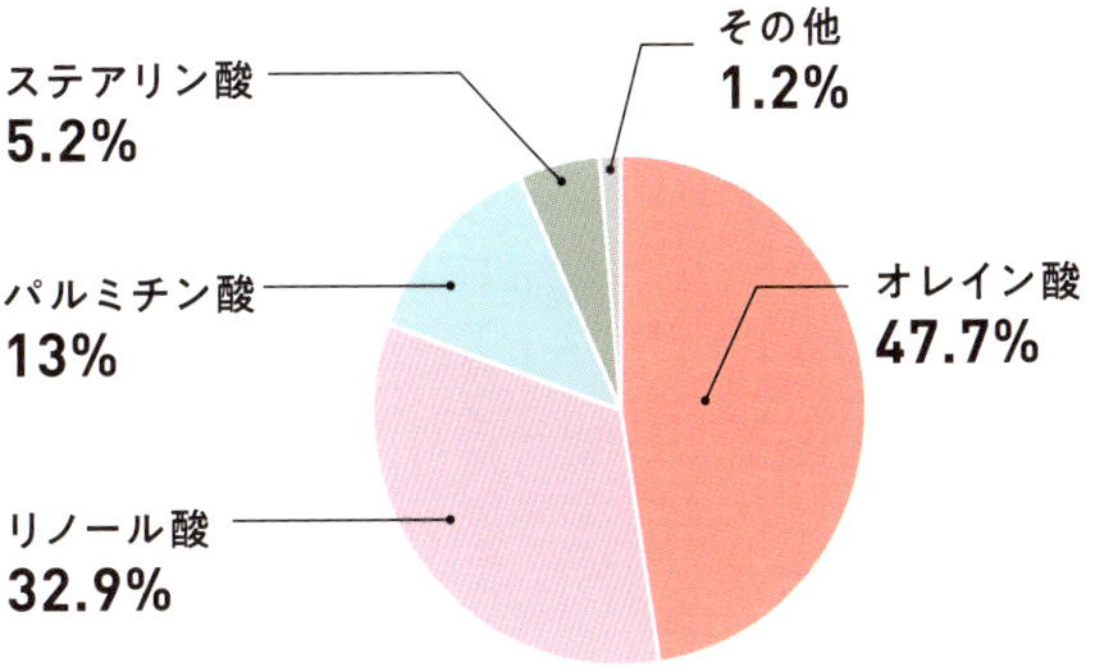

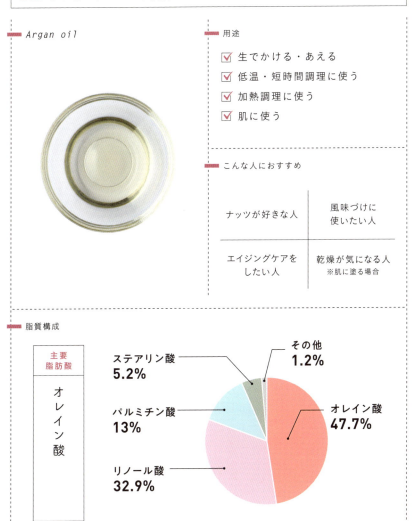

No.24

米油

Rice bran oil

米油特有の成分が中性脂肪の低下に作用

米ぬかから採れるオイルで、米油特有のγ-オリザノールとビタミンE（トコフェロール）の40〜60倍の抗酸化力を持つトコトリエノールを含むため、非常に抗酸化力が高いです。また、中性脂肪を下げる医薬品にもなっているγ-オリザノールとコレステロールの吸収を抑える植物ステロールの働きで、脂質異常症への効果も期待できます。

原材料／米ぬか

保存方法／冷暗所

別名／ライスブランオイル

Rice bran oil

用途

- ☑ 生でかける・あえる
- ☑ 低温・短時間調理に使う
- ☑ 加熱調理に使う
- ☑ 肌に使う

こんな人におすすめ

エイジングケアをしたい人	体の中と外から紫外線対策をしたい人
中性脂肪やコレステロールが気になる人	更年期のゆらぎを感じている人

脂質構成

主要脂肪酸
オレイン酸

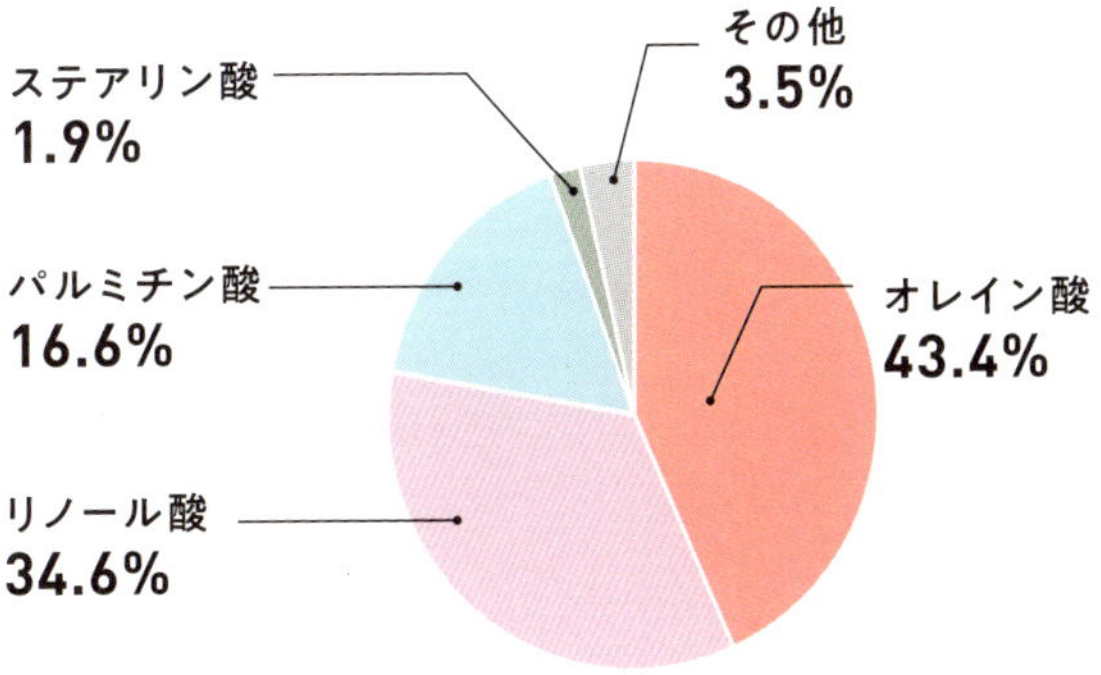

No.25

タマヌオイル

潤い不足や肌荒れが気になる肌をサポート

Tamanu oil

タマヌ（テリハボク）の種から採れるオイル。天然の抗生物質とも呼ばれるカロフィロリードを含み、炎症を抑えたり傷を治したりする作用が高く、古くから民間薬として使われてきました。オイルは深緑色で、漢方薬のような独特の香りがあります。保湿作用の高いオレイン酸とリノール酸がバランスよく含まれ、乾燥肌の改善にも役立ちます。

原材料／種子（仁）

保存方法／冷暗所

別名／カロフィラムオイル　テリハボク種子油

Tamanu oil

用途

- [ ] 生でかける・あえる
- [ ] 低温・短時間調理に使う
- [ ] 加熱調理に使う
- [x] 肌に使う

こんな人におすすめ

※すべて肌に塗る場合

ニキビや吹き出物が気になる人	肌のバリア機能が低下している人
傷のケアをしたい人	アトピーに悩む人

脂質構成

主要脂肪酸
オレイン酸

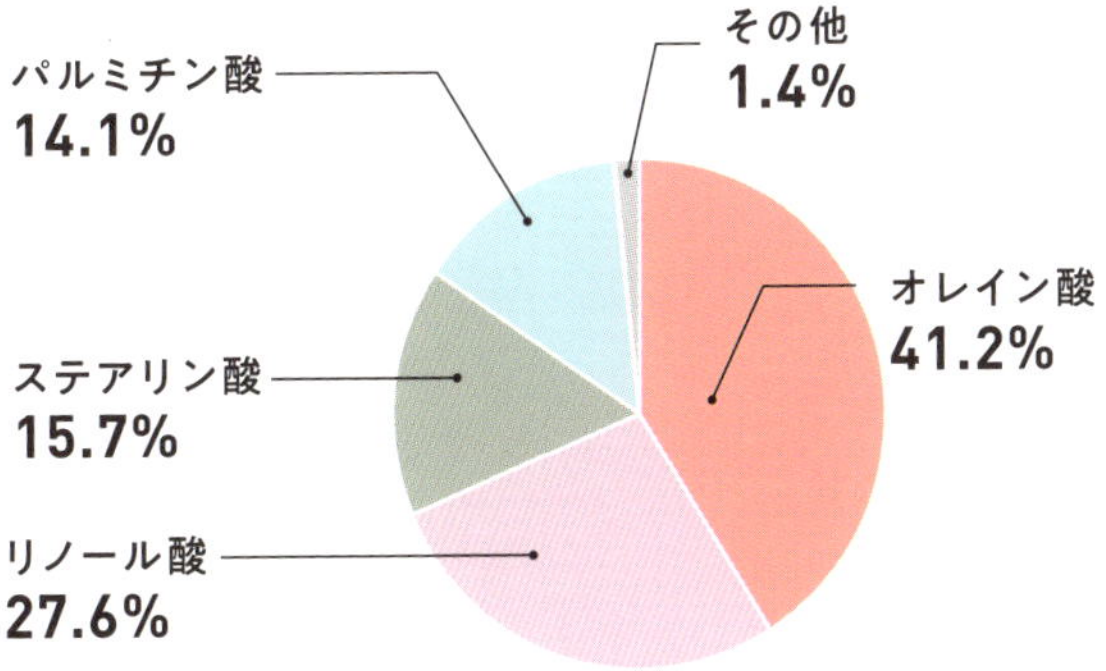

No.26

馬油

最初のベタつきから、瞬時にさらっとなじむ動物性オイル

Horse oil

馬の脂肪から抽出されたオイルで、古くから皮膚治療の民間薬として使われてきました。人の皮脂に脂質の組成が似ているため、肌になじみやすく、高い保湿力と皮膚の新陳代謝を正常化する働きがあるので、肌のバリア機能の改善が期待できます。抽出部位によって多少脂肪酸組成が異なり、タテガミ下の「コウネ」の油が高品質とされています。

原材料／馬脂肪	保存方法／常温
別名／マーユ、バーユ	

Horse oil

用途

- [ ] 生でかける・あえる
- [ ] 低温・短時間調理に使う
- [ ] 加熱調理に使う
- [x] 肌に使う

こんな人におすすめ

※すべて肌に塗る場合

肌の乾燥が気になる人	肌のごわつきが気になる人
肌老化が気になる人	敏感肌の人

脂質構成

主要脂肪酸
オレイン酸

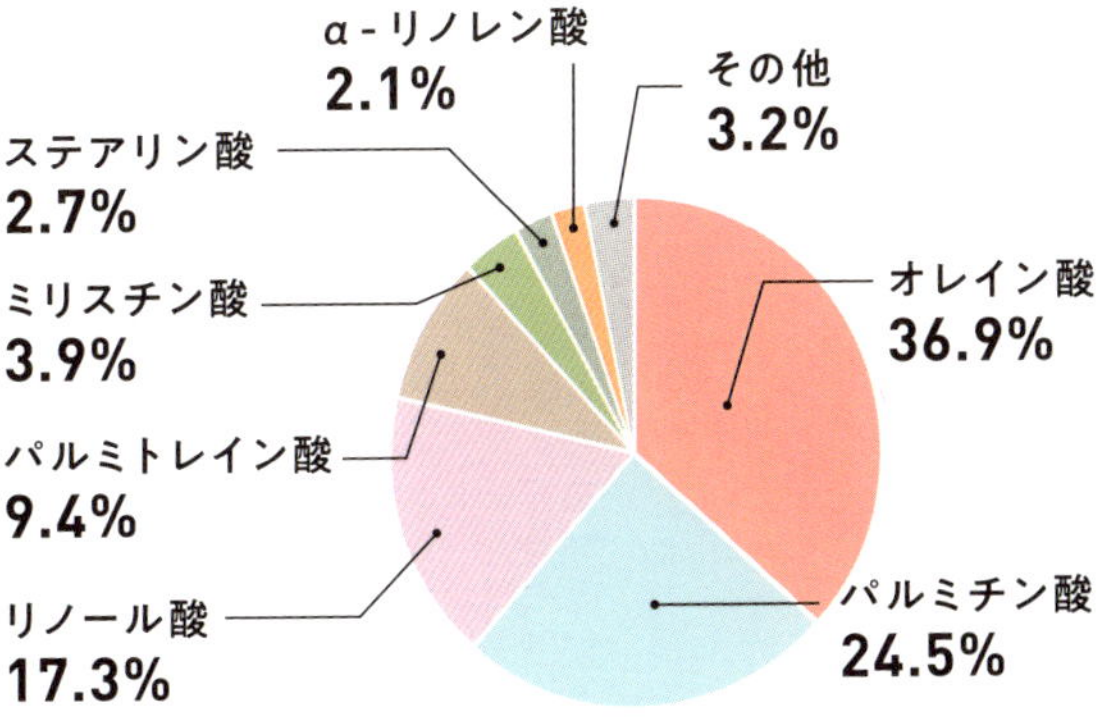

No.27

ココナッツオイル

バターの代わりに使える、ダイエット中の強い味方

Coconut oil

ココナッツの種子にある核果の中の胚乳から採れるオイル。中鎖脂肪酸を多く含むため、エネルギー源になりやすく、体脂肪として蓄積されにくいのが特徴です。夏場は液体ですが、25℃以下で固体になります。酸化しにくく熱に強いので、加熱調理が可能です。無臭タイプのオイルもあり、素材の風味を活かしたい料理にも使いやすいです。

原材料／ 果肉（胚乳）

保存方法／ 常温

別名／ ヤシ油

Coconut oil

用途

- ☑ 生でかける・あえる
- ☑ 低温・短時間調理に使う
- ☑ 加熱調理に使う
- ☑ 肌に使う

こんな人におすすめ

エネルギー補給をしたい人	甘いものをセーブしたい人
ダイエット中の人	オイルの酸化が心配な人

脂質構成

主要脂肪酸
ラウリン酸

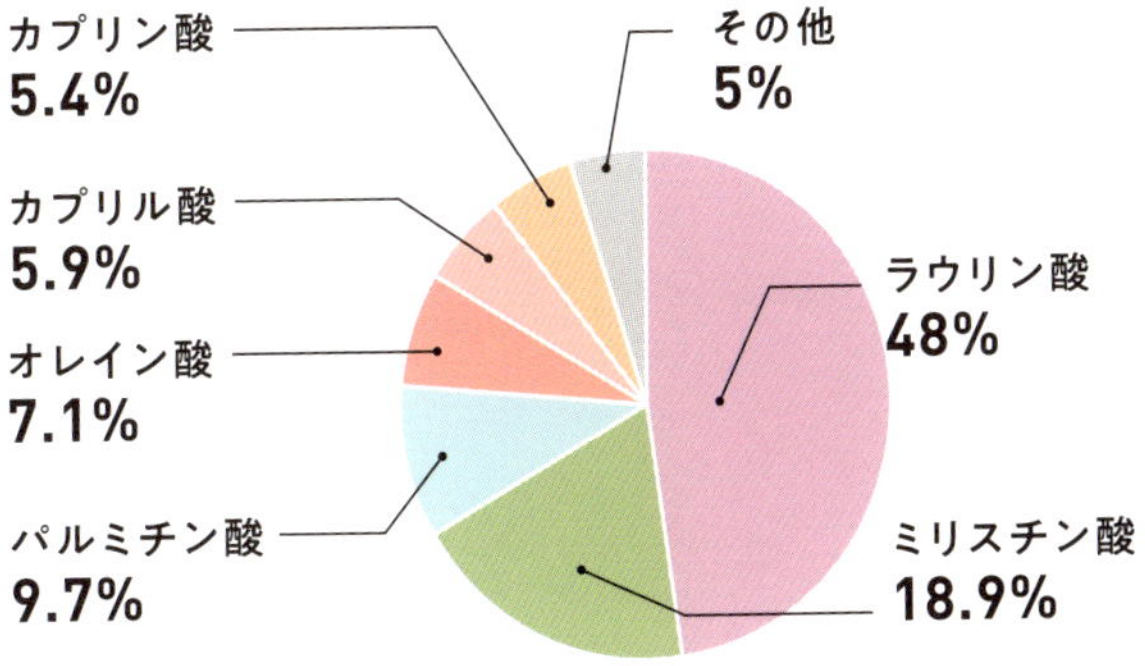

No.28

MCTオイル

中鎖脂肪酸だけを抽出した機能性オイル

MCT oil

ココナッツオイルやパーム核油の中鎖脂肪酸から、鎖長の短いカプリル酸とカプリン酸のみを抽出したオイル（Medium Chain Triglyceride）。ココナッツオイルよりさらに消化・吸収が速く、すみやかにエネルギーになるのが特徴です。また、吸収された中鎖脂肪酸の一部は肝臓でケトン体になり、脳や筋肉のエネルギー源になる他、酸化や炎症を抑える働きもあります。

原材料／ココナッツオイル

保存方法／常温

別名／なし

MCT oil

用途

- [x] 生でかける・あえる
- [ ] 低温・短時間調理に使う
- [ ] 加熱調理に使う
- [x] 肌に使う

こんな人におすすめ

エネルギー補給をしたい人	血糖値が気になる人
ダイエット中の人	脳を健やかに保ちたい人

脂質構成

主要脂肪酸
カプリル酸

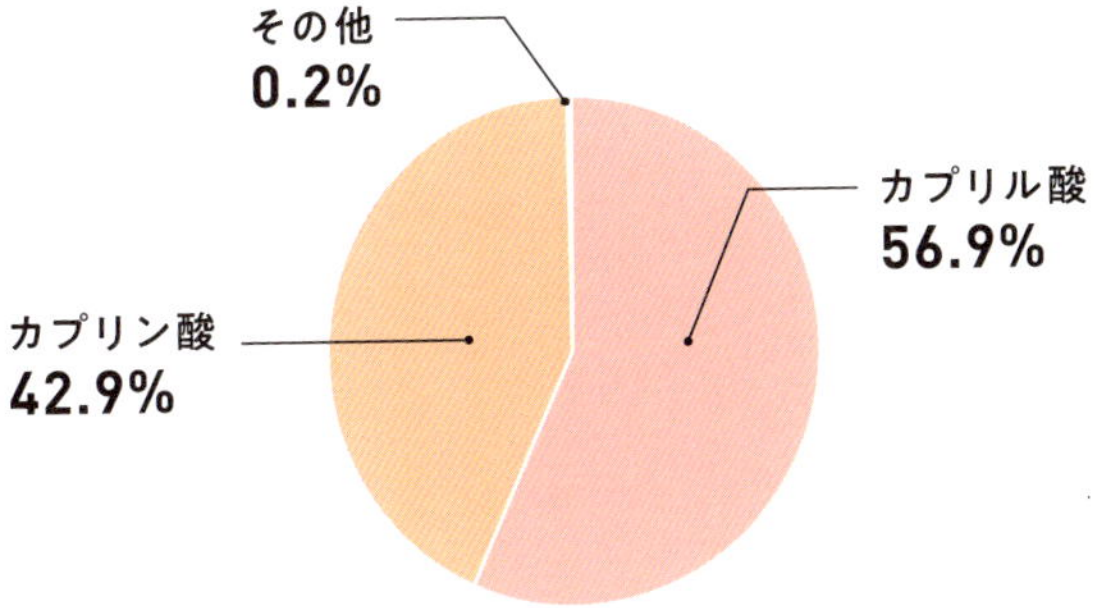

※メーカーによって異なる　※C8オイルはカプリル酸98%以上

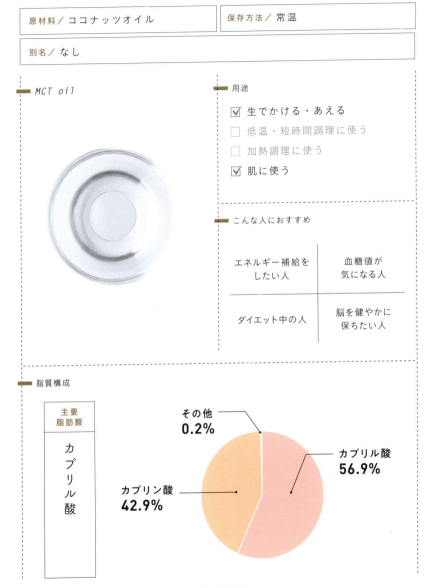

No.29

ホホバオイル

Jojoba oil

太古から「奇跡のオイル」と呼ばれる、美容のためのオイル

砂漠で育つ常緑低木のホホバの種から採れるオイル。皮脂にも含まれるワックスエステル（ロウ類）が主成分です。ホホバオイルのワックスエステルは液状のため肌への浸透力が高く、皮膚のバリア機能を高めて潤いを守る働きが期待できます。非常に酸化しにくいため、酸化しやすいオイルをブレンドする際のベースオイルとしてもおすすめです。

原材料／種子（仁）

保存方法／常温

別名／ホホバ種子油

Jojoba oil

用途

- [ ] 生でかける・あえる
- [ ] 低温・短時間調理に使う
- [ ] 加熱調理に使う
- [x] 肌に使う

こんな人におすすめ

※すべて肌に塗る場合

肌の乾燥が気になる人	敏感肌の人
エイジングケアをしたい人	小じわが気になる人

脂質構成

主要脂質
エイコセン酸エステル

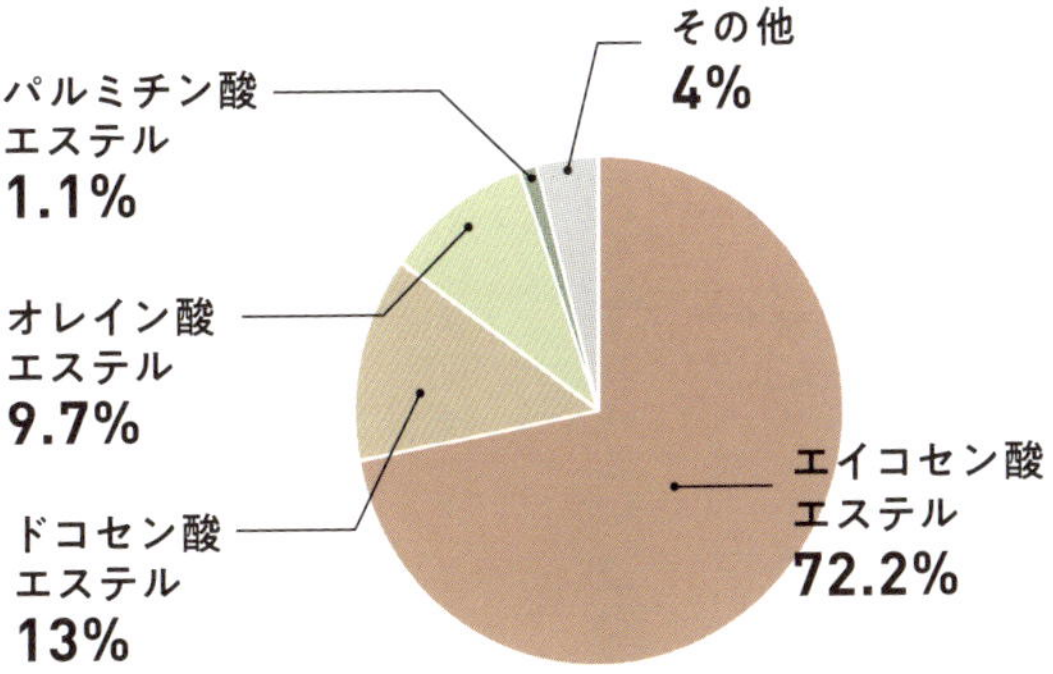

No.30

スクワランオイル

Squalane oil

肌や髪など
全身に使えるオイル。
肌をやわらかくしなやかに

サメやオリーブ、とうもろこしなどから「スクワレン」を抽出し、酸化しにくくするために水素を添加して安定化させたのがスクワランオイルです。さらっとしたテクスチャーで肌になじみやすく、保湿効果があるのにベタつかないので、日中でも使いやすいです。また、毛穴詰まりしにくいので、毛穴やニキビが気になる人にもおすすめです。

原材料／鮫肝油、オリーブ、トウモロコシ

保存方法／冷暗所

別名／なし

Squalane oil

用途

- [ ] 生でかける・あえる
- [ ] 低温・短時間調理に使う
- [ ] 加熱調理に使う
- [x] 肌に使う

こんな人におすすめ

※すべて肌に塗る場合

肌のごわつきが気になる人	オイルのベタつきが苦手な人
毛穴やニキビが気になる人	全身の美容に使いたい人

脂質構成

主要脂質
飽和炭化水素

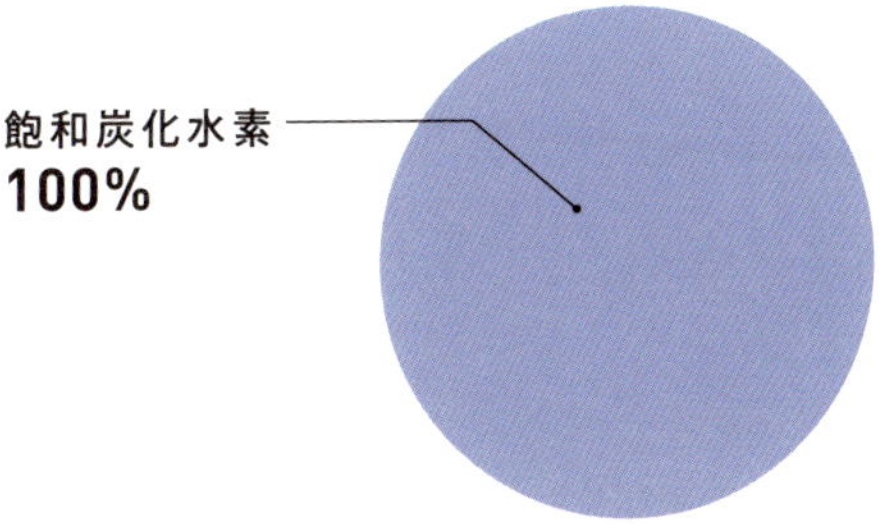

おすすめ
オイル商品カタログの見方

食用も美容もさまざまな商品のあるオイルの世界。
専門店や食料品店であれこれ選ぶのも楽しいですが、
この本では、特に上質な味わいやこだわりの品質を感じられる、
おすすめのオイルを紹介します。

オメガ3系オイル

私たち現代人が不足しがちな脂肪酸を含むオイルで、体内で生成できないため、植物オイルや魚介類から摂る必要があります。熱に弱いため、料理にかけたり、和えたりして使いましょう。

194

亜麻仁油

BONANZA OIL AMANI

北海道の農業者がこだわって作る、
高純度オイル

亜麻仁油のほとんどが海外産の中、こちらは北海道産の原料を使用し、搾油・販売まで一貫して管理している貴重な国産亜麻仁油です。1瓶が110gと小さめのサイズなので、1人暮らしでも使いやすいのがポイント。小さじ1杯で、1日分のオメガ3摂取量がまかなえます。

● 価格：1980円　● 容量：110g
● 問い合わせ先：株式会社OMEGAファーマーズ
https://www.omega-farmers.jp/

亜麻仁油

カナダ産 有機亜麻仁油

オイルの品質を維持するために、
99.88%光遮断の特注容器を使用

30年前から亜麻仁油を輸入販売している、パイオニア的存在のメーカーのカナダ産有機亜麻仁油。原料の選定や搾油だけでなく瓶にもこだわり、紫外線や光を99.88%遮断する特注の黒塗装ガラス瓶を採用し、開封後の品質維持にも配慮。

● 価格：2624円　● 容量：185g
● 問い合わせ先：有限会社日本インベスト
https://nihon-invest.com/

えごま油

荏胡麻屋のえごま油

栽培から搾油まで自社で行う、
えごま油専門店が作るオイル

自社で栽培から搾油まで行っているえごま油。あえて精製せず仕上げているため、底に澱があるのが特徴です。そのためえごま本来の栄養素がギュッと詰まっています。香ばしい味わいは、米や雑穀などの穀類にもよく合います。

● 価格：1642円　● 容量：93g
● 問い合わせ先：荏胡麻屋（有限会社モリシゲ物産）
http://egomaya.com/

えごま油

BONANZA OIL EGOMA

コールドプレス製法で
ていねいに搾った栄養満点なオイル

北海道産のえごまを加熱せず生で搾ったオイル。焙煎とは違うさっぱりとしたシソ科特有のさわやかな風味で、サラダなど生野菜と相性がよいのが魅力です。110gの小瓶タイプなので、酸化しやすい生搾りのえごま油も使い切りしやすくなります。

● 価格：1980円　● 容量：110g
● 問い合わせ先：株式会社OMEGAファーマーズ
https://www.omega-farmers.jp/

195

1　オイルのカテゴリー

2　商品名

3　商品の特徴

4　価格・容量・問い合わせ先・ホームページ

オメガ3系オイル

BONANZA OIL AMANI

カナダ産 有機亜麻仁油

荏胡麻屋のえごま油

BONANZA OIL EGOMA

オメガ6系オイル

熟練の職人が仕上げる一番絞りごま油

純正黒胡麻油 無量寿

オメガ9系オイル

圧搾米油コメーユ

イルフィーロディパーリア わら一本

PODORアーモンドオイル

FRESCOマカダミアナッツオイル

CENTONZEオーガニック
エクストラバージンオリーブオイル

ココナッツオイル＆MCTオイル

香りのない有機ココナッツオイル

仙台勝山館 MCTオイル

ブレンド系オイル

Mo3リポバランスオイル

有機バランスオイル

美容系オイル

プレミアムピュアジェイオイル

ラベンダー椿オイル・
薔薇椿オイル

エイキン 美容オイルRH

サーキュレイトオイル

＊掲載商品とその情報は、2024年8月時点のものです。商品の価格や仕様などは予告なく変更される場合があり、また商品の追加や、同じオイル（またはブランド）でも価格が変更になる、商品自体が終売となる可能性もあります。
＊掲載画像は見本であり、仕様が異なる場合があります。また、各ブランドによって付属内容が異なる場合があります。

オメガ3系オイル

私たち現代人が不足しがちな脂肪酸を含むオイルで、体内で生成できないため、植物オイルや魚介類から摂る必要があります。熱に弱いため、料理にかけたり、和えたりして使いましょう。

亜麻仁油

BONANZA OIL AMANI

北海道の農業者がこだわって作る、高純度オイル

亜麻仁油のほとんどが海外産の中、こちらは北海道産の原料を使用し、搾油・販売まで一貫して管理している貴重な国産亜麻仁油です。1瓶が110gと小さめのサイズなので、1人暮らしでも使いやすいのがポイント。小さじ1杯で、1日分のオメガ3摂取量がまかなえます。

● 価格：1980円　● 容量：110g
● 問い合わせ先：株式会社OMEGAファーマーズ
https://www.omega-farmers.jp/

亜麻仁油

カナダ産 有機亜麻仁油

オイルの品質を維持するために、99.88%光遮断の特注容器を使用

30年前から亜麻仁油を輸入販売している、パイオニア的存在のメーカーのカナダ産有機亜麻仁油。原料の選定や搾油だけでなく瓶にもこだわり、紫外線や光を99.88%遮断する特注の黒塗装ガラス瓶を採用し、開封後の品質維持にも配慮。

● 価格：2624円　● 容量：185g
● 問い合わせ先：有限会社日本インベスト
https://nihon-invest.com/

えごま油

BONANZA OIL EGOMA

コールドプレス製法で
ていねいに搾った栄養満点なオイル

北海道産のえごまを加熱せず生で搾ったオイル。焙煎とは違うさっぱりとしたシソ科特有のさわやかな風味で、サラダなど生野菜と相性がよいのが魅力です。110gの小瓶タイプなので、酸化しやすい生搾りのえごま油でも使い切りやすいです。

● 価格：1980円　● 容量：110g
● 問い合わせ先：株式会社OMEGAファーマーズ
https://www.omega-farmers.jp/

えごま油

荏胡麻屋のえごま油

栽培から搾油まで自社で行う、
えごま油専門店が作るオイル

自社で栽培から搾油まで行っているえごま油。あえて精製せず仕上げているため、底に澱があるのが特徴です。そのためえごま本来の栄養素がギュッと詰まっています。香ばしい味わいは、米や雑穀などの穀類にもよく合います。

● 価格：1642円　● 容量：93g
● 問い合わせ先：荏胡麻屋
（有限会社モリシゲ物産）
http://egomaya.com/

オメガ6系オイル

オメガ6系オイルの中でもなじみがあるのが、ごま油。
加熱に強いため、加熱調理に使えるほか、香ばしさを活かして、
料理の仕上げにかけてもおいしいのが魅力です。

ごま油

熟練の職人が仕上げる一番絞りごま油

一番搾り製法で、なめらかで上質な味わい

ごま職人が、季節や天候により一番おいしくなるタイミングを見極めて仕上げるこだわりのごま油。昔ながらの製法を約90年変わることなく守り続け、搾るのは一度だけの一番絞りごま油は、コクがあります。加熱調理だけでなく、香味油として仕上げにひとかけすると、いつもの料理がぐっと香り高くなります。

- 価格：972円　● 容量：275g
- 問い合わせ先：株式会社山田製油
https://shop.henko.co.jp/

ごま油

純正黒胡麻油 無量寿

昔ながらの製法でていねいに搾る、香り豊かなごま油

日本で初めて製造された黒ごま油。「限りない命」という意味の「無量寿」は、健康によい黒ごまを、焙煎・搾油・濾過・静置するという160年前から変わらない伝統製法でていねいに作られています。黒ごま特有の滋味深い味わいがクセになるおいしさで、国内のみならず海外でも人気です。

- 価格：3024円　● 容量：400g
- 問い合わせ先：岩井の胡麻油株式会社
https://www.iwainogomaabura.co.jp/

オメガ9系オイル

米油やオリーブオイルなど、普段使いしやすいオイルが多いのがオメガ9系オイル。紹介するオイルはどれもこだわりの製法で、香りや味わいなども個性豊かです。

米油

圧搾米油コメーユ

国産の新鮮な米ぬかを圧搾製法で搾油

一般的な米油は溶剤抽出法が多い中、圧搾物理精製法のため有効成分γ-オリザノールの含有量が約7倍と高含有の米油。γ-オリザノールは抗炎症、抗酸化、中性脂肪低下、自律神経安定などさまざまな作用が報告されています。酸化しにくく、ほとんど無味無臭なので、どんな料理にも使えます。

● 価格：1728円　● 容量：450g
● 問い合わせ先：三和油脂株式会社
https://sanwa-yushi.co.jp/

オリーブオイル

イルフィーロディパーリア わら一本

フレッシュさにこだわり、収穫後、即日に搾油

イタリアの生産者が無肥料無農薬で管理する畑のオリーブだけをボトル詰めしたシングルエステート。収穫後1時間以内に搾油され、土壌の力強さと洗練された味わいが魅力です。日本へは細心の温度管理のもと輸送されるので、フレッシュな味わいを堪能できます。

● 価格：3240円　● 容量：250ml
● 問い合わせ先：株式会社アサクラ
https://www.orcio.jp/

マカダミア
ナッツオイル

FRESCO マカダミアナッツオイル

新鮮さにこだわって、
原料から吟味

「食べておいしいナッツからしか、おいしいオイルは作れない」と、搾油師が原料のナッツから厳選し、状態や湿度に合わせて焙煎と搾油を行う、こだわりのオイル。マカダミアナッツの濃厚なコクと香りで、スイーツやサラダにひとかけするだけで華やかな味わいになります。

●価格：2808円　●容量：100g
●問い合わせ先：搾りたてオイル専門店
FRESCO
https://fresco.buyshop.jp/

アーモンド
オイル

PODOR（ポドル）アーモンドオイル

アーモンド100%の
香ばしい香りが魅力

オーストリアの老舗オイルメーカー・ポドルが、厳選した原料を適温で搾油した高品質なオイル。風味が穏やかでクリアな味わいなので、幅広い料理に使いやすいのも魅力です。やさしいアーモンドの香りは、白身魚など繊細な素材ともよく合います。

●価格：3456円　●容量：91g
●問い合わせ先：株式会社味と
サイエンス
https://ajitoscience.com/shop

さまざまなオイルを試してみましょう

オイルの味わいや香りはそれぞれ個性的。できたての料理に、調味料のようにかけて味わうことができるのも魅力の1つです。

例えば、マカダミアナッツオイルは、ナッツ独特の甘みが感じられるため、料理やスイーツにかけるだけで甘みを加えたような味わいになることもあります。

ただし、すべてのオイルがそうだとは限りません。オイルの製法によって、原料の風味が活かされることもあれば、香りや風味が感じられないように精製されている場合もあります。オイルそのものの風味を味わいたい場合は、圧搾法で化学精製をしていないオイルを選んでみましょう。

オリーブオイル

CENTONZE（チェントンツェ）オーガニックエクストラバージンオリーブオイル

数々のオリーブオイルコンテストで受賞

イタリア・シチリア地方で、70年以上有機栽培をしているオリーブ畑でていねいに手摘みしたオリーブを、その日のうちに搾油。早摘みのオリーブオイルの中でも、マイルドさを感じるオイルで、和食など繊細な料理にも合わせやすいのが特徴です。

●価格：2916円　●容量：230g
●問い合わせ先：株式会社味とサイエンス
https://ajitoscience.com/shop

ココナッツオイル＆MCTオイル

ともにココナッツが原料ですが、脂肪酸の割合が異なります。
ダイエットのサポートやエネルギー源となる中鎖脂肪酸が、
MCTオイルは100%、ココナッツオイルは60%ほど含まれます。

ココナッツオイル

香りのない有機ココナッツオイル

あらゆるジャンルの料理に幅広く活用

香りがないタイプなので、幅広い料理に使えます。一般的な無臭のココナッツオイルは脱臭精製の過程で化学溶剤を使うものがほとんどですが、こちらのオイルはヤシ殻活性炭と天然粘土鉱物を使って脱臭しているので、自然にも体にもやさしいオイルです。

●価格：1080円　●容量：460g
●問い合わせ先：株式会社ココウェル
https://www.cocowell.co.jp/

MCT オイル

仙台勝山館 MCTオイル

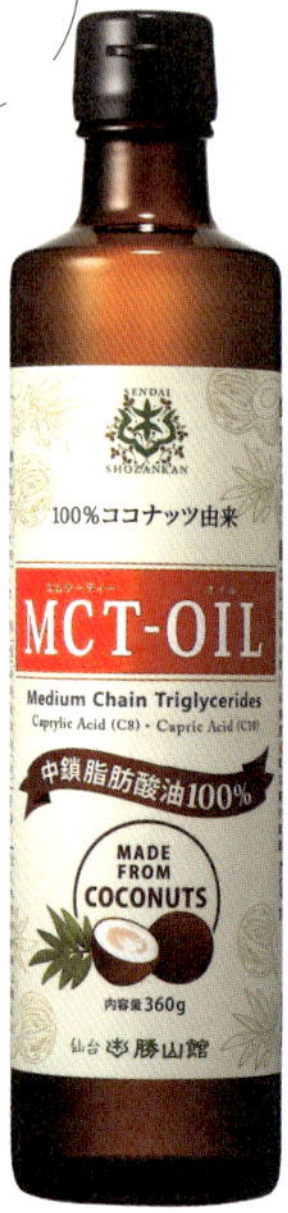

日本初・ココナッツ由来100%のオイル

日本で初めてココナッツ由来のMCT オイルを販売した草分け的存在のメーカーのオイル。化学溶剤不使用で、100% ココナッツ由来です。無味無臭で、さまざまな料理や飲み物にかけて使うことができます。サラッとしていて消化に負担がかからないので、疲労時のエネルギー補給にもぴったりです。

●価格：2400 円　●容量：360g
●問い合わせ先：勝山ネクステージ株式会社
https://www.shozankan-shop.com/

ブレンド系オイル

植物オイルの栄養を効率よく摂りたい人におすすめなのが、ブレンド系オイル。オメガ3系をはじめとした、さまざまな脂肪酸がバランスよく含まれています。

ブレンド系オイル

Mo3リポバランスオイル

MCTオイルと藻類由来オメガ3の食べるサプリオイル

普段、魚を食べる機会が少ない人こそ摂りたいオイルです。中鎖脂肪酸の中でも鎖長の短いカプリル酸98% 以上の MCT オイルに、オメガ 3 系脂肪酸の DHA と EPA をブレンド。味や香りはほとんどないため、さまざまな料理や飲み物にかけて、気軽に使えます。

●価格：4104 円　●容量：184g
●問い合わせ先：株式会社味とサイエンス
https://ajitoscience.com/shop

ブレンド系オイル

有機バランスオイル

4 種類の植物オイルをバランスよくブレンド

原料は、エクストラバージンオリーブオイルと亜麻仁油、MCT オイル、米油の 4 種類。それぞれのオイルの脂肪酸やその他の栄養素をバランスよく摂り入れられるのが魅力です。味はおいしいオリーブオイルで、さらに低温短時間の加熱調理もできます。

●価格：2380 円　●容量：450ml
●問い合わせ先：株式会社東旗かわしま屋
https://kawashima-ya.jp/

美容系オイル

肌にプラスに働く脂質を含んだスキンケア用のオイルを紹介します。オイルだけのものや、精油を加えて香りも一緒に楽しめるものなど、バリエーションも豊富です。

ホホバオイル

プレミアムピュアジェイオイル

**高品質の品種「KEIKO 種」
100%のオイル**

1500 種ほどあるホホバの品種の中で、最も多くワックスエステルを含有する「KEIKO 種」をコールドプレス（低温圧搾）したオイル。単品使いもよいですが、他のオイルとブレンドする際のベースオイルとして使うのもおすすめです。

●価格：5720 円　●容量：40ml
●問い合わせ先：株式会社サンナチュラルズ
https://www.e-sunaturals.com/

椿油

ラベンダー椿オイル（上）　薔薇椿オイル（下）

**頭皮からつま先まで、
全身に使える椿油**

佐賀県加唐島産と東京利島産の藪椿から抽出した椿油に、ダマスクローズ、真正ラベンダーの精油を加えたオイル。椿油は本来、テクスチャーが重めですが、このオイルはサラッとなじみがよいタイプです。ヘアオイルですが、顔にも体にも使え、フワッと香るローズやラベンダーに癒やされます。

●価格：各 4950 円　●容量：各31ml
●問い合わせ先：株式会社三上ナチュラルコスモ
https://www.naturalcosmo.jp/

ホホバオイル

サーキュレイトオイル

ホホバオイルに月桃の栄養を贅沢にブレンド

高純度ワックスエステルのホホバオイルに、月桃を全草まるごと冷浸法で抽出したオイル。さらに月桃・フランキンセンス・ゼラニウムなどの精油を贅沢にブレンドしています。さらっとしたつけ心地で肌なじみがよく、使うたびに安らぐ香りに癒やされます。

●価格：4400円　●容量：20ml
●問い合わせ先：レセラ有限会社
MOON PEACH
https://moonpeach.jp/

ローズヒップオイル

エイキン 美容オイルＲＨ

100%オーガニック認定のローズヒップオイル

保湿力の高さが魅力のローズヒップオイルは、オメガ3を含むため酸化しやすいのが特徴ですが、このオイルは非加熱で酸素にも触れない二酸化炭素（CO2）法で抽出しているため、酸化リスクが低く、ローズヒップ本来のビタミンやファイトケミカル類も豊富に含みます。

●価格：3740円　●容量：20ml
●問い合わせ先：エイキンジャパン
https://naturalcosme.jp/

おわりに

幼い頃病弱だった私は、よく体調を崩し、その度に祖母や母は、食べ物や植物で治してくれました。その経験から、栄養療法や植物療法を仕事にしたのですが、栄養学の中でも、特に脂質を専門にしたのは、ある言葉がきっかけです。

「油を変えれば、60 種類の病気が改善する」

それまで、糖質やタンパク質、ビタミン、ミネラルなどの働きは学んできましたが、脂質は興味の対象外でした。それどころか、当時、油はおいしいけど太る、体に悪そう、できる限り減らしたいものというイメージを抱いていたので、この言葉に衝撃を受けました。

脂質についてもっと知りたくなり、脂質栄養学の第一人者・故奥山治美先生から、脂質栄養について学びました。学びを深める中で、60 種類どころか、脂質が関わらない病気のほうが少ないということを知ると同時に、研究の分野においては常識的なことでも、私たち一般人までは届いていない現状も知り、もどかしく感じました。分析技術の発展により、今までわからなかった脂質の存在や働きが次々と解明されてきているのです。栄養学を学んでいた私でも気づかなかったように、脂質の本当の重要性をもっと多くの人に伝えたい。その想いから、今の活動をしています。

健康は、幸せの土台です。健康なくしては美しさもつくれません。私は、脂質の大切さを広めることで、世の中の幸せを増やしたいと願っています。脂質は、正しく摂れば健康と美しさをもたらしてくれます。少しの知識と、それを暮らしに取り入れて習慣にするだけです。この本が、そのきっかけとなればうれしいです。

地曳直子

著者紹介

地曳直子（じびきなおこ）

Instagram

リポラボ
〜あぶらの研究所〜

オイリスト。食・栄養・脂質栄養学・分子栄養学・精油のエキスパート。リポラボ〜あぶらの研究所〜主宰。
メディカルアロマテラピー講師・調合師として活動中、家族の糖尿病をきっかけに分子栄養学を学び、脂質が糖尿病、アレルギー、癌、認知症、うつ病など多くの疾患に関わることを知る。以後、脂質栄養学と精油の使い方を広めるオイリストとして活動中。「オイリスト養成講座」や、「脂質栄養学講座」などで、主に健康や美容に役立つオイルの使い方や脂質の重要性について教えながら、体内の脂質を見える化する脂肪酸検査の普及にも努める。

・一般社団法人日本リポニュートリション協会代表理事
・一般社団法人国際食学協会理事
・一般社団法人日本オイル美容協会顧問
・一般社団法人日本インナービューティーダイエット協会顧問
・日本茶の実油協会顧問

脂肪酸検査について

血液数滴で体内の脂肪酸の比率がわかる自己採血式の検査。
動脈硬化や炎症、将来的な認知症リスクの指標となる。

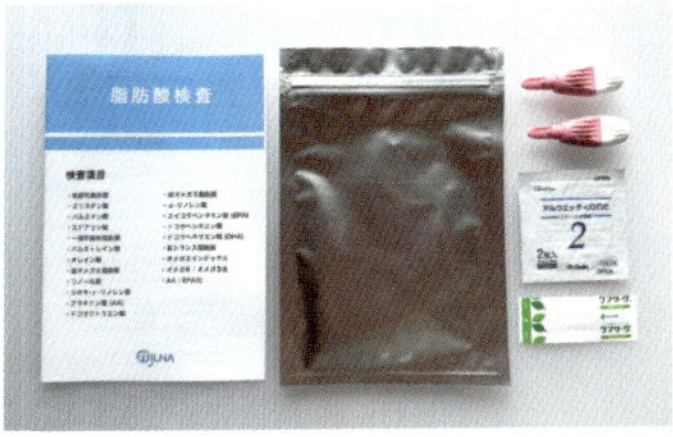

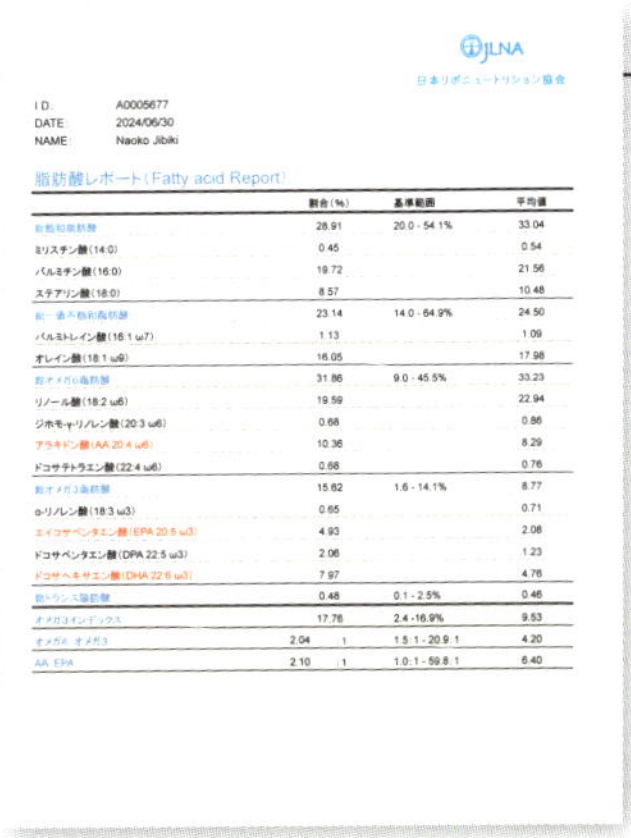

JLNA
日本リポニュートリション協会

I.D. A0005677
DATE 2024/06/30
NAME Naoko Jibiki

脂肪酸レポート（Fatty acid Report）

	割合(%)	基準範囲	平均値
総飽和脂肪酸	28.91	20.0 - 54.1%	33.04
ミリスチン酸(14:0)	0.45		0.54
パルミチン酸(16:0)	19.72		21.56
ステアリン酸(18:0)	8.57		10.48
総一価不飽和脂肪酸	23.14	14.0 - 64.9%	24.50
パルミトレイン酸(16:1 ω7)	1.13		1.09
オレイン酸(18:1 ω9)	16.05		17.98
総オメガ6脂肪酸	31.86	9.0 - 45.5%	33.23
リノール酸(18:2 ω6)	19.59		22.94
ジホモ-γ-リノレン酸(20:3 ω6)	0.68		0.86
アラキドン酸(AA 20:4 ω6)	10.36		8.29
ドコサテトラエン酸(22:4 ω6)	0.68		0.76
総オメガ3脂肪酸	15.62	1.6 - 14.1%	8.77
α-リノレン酸(18:3 ω3)	0.65		0.71
エイコサペンタエン酸(EPA 20:5 ω3)	4.93		2.08
ドコサペンタエン酸(DPA 22:5 ω3)	2.06		1.23
ドコサヘキサエン酸(DHA 22:6 ω3)	7.97		4.76
総トランス脂肪酸	0.48	0.1 - 2.5%	0.46
オメガ3インデックス	17.76	2.4 -16.9%	9.53
オメガ6：オメガ3	2.04 : 1	1.5:1 - 20.9:1	4.20
AA：EPA	2.10 : 1	1.0:1 - 59.8:1	6.40

引用・参考文献・サイト

・『気になる脂質 早わかり』（川端輝江監修、女子栄養大学出版部、2018）
・『眠れなくなるほど面白い 図解 脂質の話』（守口徹監修、日本文芸社、2020）
・『読むオイル事典』（YUKIE著、主婦の友社、2016）
・『スンナリわかる脂肪の本』（丸元康生著、主婦と生活社、2009）
・『知っておいしいオイル事典』（小林弘幸監修、実業之日本社、2023）
・『青魚を食べれば病気にならない』（生田哲著、PHP研究所、2016）
・文部科学省 日本食品標準成分表（八訂）増補2023年 https://www.mext.go.jp/a_menu/syokuhinseibun/mext_00001.html
・株式会社ニューサイエンス https://www.nu-science.co.jp/
・公益財団法人日本油脂検査協会 http://www.oil-kensa.or.jp/
・東洋サイエンス株式会社 https://www.toyo-asia.co.jp/
・化粧品成分オンライン https://cosmetic-ingredients.org/
・たねのしずく研究所 https://seedoillab.com/
・一般社団法人北海道消費者協会 http://www.syouhisya.or.jp/
・Segura-Campos, et al. （2014） Physicochemical characterization of chia seed oil from Yucatán, México. Agricultural Sciences, 5, 220-226.
・Ramos-Escudero, F., et al. （2019）. Characterization of commercial Sacha inchi oil. J Food Sci Technol, 56（10）, 4503-4515.
・Zubr, J.et al. Effect of growth conditions on fatty acids and tocopherols in Camelina sativa oil. Industrial Crops and Products. 15. 155-162. 10.1016/S0926-6690（01）00106-6.
・Callaway J.,et al. Efficacy of dietary hempseed oil in patients with atopic dermatitis. J Dermatolog Treat. 2005 Apr;16（2）:87-94.
・Sławińska N, Prochoń K, Olas B. A Review on Berry Seeds-A Special Emphasis on Their Chemical Content and Health-Promoting Properties. Nutrients. 2023 Mar 15;15（6）:1422.
・Prommaban A,et al. Evaluation of Fatty Acid Compositions, Antioxidant, and Pharmacological Activities of Pumpkin （Cucurbita moschata） Seed Oil from Aqueous Enzymatic Extraction. Plants（Basel）. 2021 Jul 31;10（8）:1582.
・Solà Marsiñach M, Cuenca AP. The impact of sea buckthorn oil fatty acids on human health. Lipids Health Dis. 2019 Jun 22;18（1）:145.
・Zeng W, Endo Y. Lipid Characteristics of Camellia Seed Oil. J Oleo Sci. 2019 Jul 1;68（7）:649-658. doi: 10.5650/jos.ess18234. Epub 2019 Jun 10
・Urbánková L, et al. Caseinate-Stabilized Emulsions of Black Cumin and Tamanu Oils: Preparation, Characterization and Antibacterial Activity. Polymers （Basel）. 2019 Nov 27;11（12）:1951.
・Tietel Z, et al. Elevated nitrogen fertilization differentially affects jojoba wax phytochemicals, fatty acids and fatty alcohols. Front Plant Sci. 2024 Jul 25;15:1425733.

［栄養計算で使用したサイト］
・カロリーSlism https://calorie.slism.jp/
・食品成分データベース https://fooddb.mext.go.jp/
・日本人の食事摂取基準（2020年版）https://www.mhlw.go.jp/content/10904750/000586553.pdf
・厚生労働省「令和４年　国民健康・栄養調査結果の概要」https://www.mhlw.go.jp/content/10900000/001296359.pdf

本書内容に関するお問い合わせについて

このたびは翔泳社の書籍をお買い上げいただき、誠にありがとうございます。弊社では、読者の皆様からのお問い合わせに適切に対応させていただくため、以下のガイドラインへのご協力をお願い致しております。下記項目をお読みいただき、手順に従ってお問い合わせください。

●ご質問される前に

弊社Webサイトの「正誤表」をご参照ください。これまでに判明した正誤や追加情報を掲載しています。

正誤表　https://www.shoeisha.co.jp/book/errata/

●ご質問方法

弊社Webサイトの「書籍に関するお問い合わせ」をご利用ください。

書籍に関するお問い合わせ　https://www.shoeisha.co.jp/book/qa/

インターネットをご利用でない場合は、FAXまたは郵便にて、下記“翔泳社 愛読者サービスセンター”までお問い合わせください。

電話でのご質問は、お受けしておりません。

●回答について

回答は、ご質問いただいた手段によってご返事申し上げます。ご質問の内容によっては、回答に数日ないしはそれ以上の期間を要する場合があります。

●ご質問に際してのご注意

本書の対象を超えるもの、記述個所を特定されないもの、また読者固有の環境に起因するご質問等にはお答えできませんので、予めご了承ください。

●郵便物送付先およびFAX番号

送付先住所	〒160-0006　東京都新宿区舟町5
FAX番号	03-5362-3818
宛先	（株）翔泳社 愛読者サービスセンター

※本書に記載されたURL等や掲載商品は予告なく変更される場合があります。

※本書の出版にあたっては正確な記述につとめましたが、著者や出版社などのいずれも、本書の内容に対してなんらかの保証をするものではなく、内容やサンプルに基づくいかなる結果に関してもいっさいの責任を負いません。

デザイン　近藤みどり
イラスト　miho miyauchi
写真　山平敦史
撮影協力　UTUWA
制作協力　森田有希子
編集　二橋彩乃

暮らしの図鑑 整うオイル

健康と美容をつくる摂り方×基礎知識×あれこれ選びたいオイル30

2024年11月13日　初版第1刷発行

著者　地曳 直子（じびき なおこ）
発行人　佐々木 幹夫
発行所　株式会社 翔泳社
（https://www.shoeisha.co.jp）
印刷・製本　日経印刷 株式会社

ISBN978-4-7981-8374-9　Printed in Japan